# 黄土高原

## 保护性农业与土壤健康
## ——以宁夏为例

◎ 董立国 著

中国农业科学技术出版社

图书在版编目（CIP）数据

黄土高原保护性农业与土壤健康：以宁夏为例 / 董立国著. --北京：中国
农业科学技术出版社，2022.12
ISBN 978-7-5116-6072-5

Ⅰ.①黄… Ⅱ.①董… Ⅲ.①农业环境保护－研究－中国 Ⅳ.①X322.2

中国版本图书馆CIP数据核字（2022）第 231357 号

责任编辑　金　迪
责任校对　王　彦
责任印制　姜义伟　王思文

出 版 者　中国农业科学技术出版社
　　　　　北京市中关村南大街 12 号　　邮编：100081
电　　话　（010）82106625（编辑室）　　（010）82109702（发行部）
　　　　　（010）82109709（读者服务部）
网　　址　https：// castp.caas.cn
经 销 者　各地新华书店
印 刷 者　北京建宏印刷有限公司
开　　本　170 mm×240 mm　1/16
印　　张　9.25
字　　数　160 千字
版　　次　2022 年 12 月第 1 版　　2022 年 12 月第 1 次印刷
定　　价　78.00 元

◀━━━ 版权所有·侵权必究 ━━━▶

# 前言

　　保护性农业（Conservation agriculture，CA）是一种关于水土资源保护和农业可持续发展的重要措施。20世纪30年代，美国农业扩张，由于过度开垦，大面积翻耕，裸露的表层土壤在干旱、气候等因素的综合作用下，形成巨大的沙尘暴，被称为"黑色风暴"（Black blizzards），对生态环境和农业生产造成了巨大危害。在人们意识到没有地表覆盖情况下连续翻耕的危害的同时，免耕也被人们所认识。保护性农业具有免耕、少耕、最小耕作、带状耕作、保护性耕作等多种定义，直到现在被接受的保护性农业、集约化农业、智慧农业的出现，保护性农业仍在发展完善，但最终目的就是土壤资源的可持续利用和土壤健康。

　　保护性农业被认为是农业部门实现固碳和减排的最有效技术措施之一，也是当前农学和资源环境领域的重要研究课题，其理念对农业的可持续发展具有重要的指导意义。但保护性农业与传统农学的精耕细作相比，仍然存在挑战，因此，有必要开展保护性农业方面的研究，尤其在土壤健康越来越引起人们重视的情况下，如何阐述保护性农业对土壤健康关键指标的影响规律及其关系，揭示相关机理，完善相关理论，进一步集成、创新出有利于土壤健康的保护性农业体系，对保护生态环境、发展现代可持续农业、促进农业和生态环境高质量发展具有重大现实意义。

　　本人2005年在执行国际粮食磋商小组"水和粮食"挑战计划时开始接触保护性耕作。当时，保护性耕作得到了各个方面的重视，是国际农业技术发展的重要趋势，时至今日其仍然被广泛应用，如"黑土地"的保护。因此，在国家自然科学基金等项目的支持下，2020年产生了出版一本专著的想法。由于各方面的原因一直没有正式开始撰写，近日决定，再忙也要抽时间每天总结一点，即便是撰写一本很薄的书也是有意义的，也算是对科学的热爱，对农业的贡献。

土壤、水、大气被认为是人类生存与发展的核心资源。土壤是陆地上所有生物的生命之源之一，孕育着世间万物，是陆生生物赖以生存的物质基础，是陆地生态系统为植物生长提供能量交换与肥力养分的主要场所，是地球上最重要的分解者，是地球污染物消纳的净化器，是全球变化的调节器，是维系陆地生态系统地上–地下相互作用的纽带，是活性物质的资源库，具有多重生态与环境功能。健康的土壤是维持微生物、植物、动物和人类生存的重要基础，土壤健康状况对全球粮食安全和生态安全具有重要意义。据联合国粮农组织（FAO）统计显示，全球1/3的耕地发生了退化，对作物减产影响高达50%；全球20亿人患有微量元素缺乏症，这与土壤中缺乏微量元素密切相关。保护性农业可以改善土壤理化生物学性质，促进土壤、微生物和植物间的协同关系，是一种可持续的农田管理措施。本书从保护性农业概念辨析、保护性农业对土壤物理、化学、生物学性质及相关关系等方面着手，阐明保护性农业对土壤性质的影响规律，揭示保护性农业土壤性质间的作用机制，为保护性农业的发展提供理论和技术支撑。

本书的出版得到了国家自然科学基金（31660375）、宁夏自然科学基金（2020AAC03293）、宁夏农林科学院院所项目及宁夏优秀人才培养工程等项目资助，也得到了宁夏农林科学院林业与草地生态研究所相关同事、西北农林科技大学师弟师妹和试验示范所在地方农户的大力支持和帮助，在出版过程中师弟白晓雄给予了帮助，在此表示诚挚的感谢！

由于作者水平有限，错误和疏漏在所难免，敬请读者批评指正。

著　者

2022年12月

# 目　录
CONTENTS

1　绪　论 ………………………………………………………… 1

1.1　背景及意义 …………………………………………………… 1

1.2　概念辨析 ……………………………………………………… 3

2　研究内容与方法 ……………………………………………… 7

2.1　区域概况 ……………………………………………………… 7

2.2　试验设计 ……………………………………………………… 9

2.3　研究方法 ……………………………………………………… 11

3　保护性农业与土壤水分 ……………………………………… 19

3.1　保护性农业对土壤水分的影响 ……………………………… 19

3.2　不同覆盖措施土壤水分特征 ………………………………… 21

3.3　撂荒对土壤水分的影响 ……………………………………… 23

3.4　不同覆盖措施与土壤蒸发 …………………………………… 25

3.5　冬小麦农田休闲期土壤蒸发特征 …………………………… 28

3.6　地膜覆盖对土壤水分的影响 ………………………………… 30

4  保护性农业与土壤物理性质 ……………………………………… 35

 4.1  保护性农业措施与土壤容重 ………………………………… 35

 4.2  保护性农业措施与土壤持水特征 …………………………… 36

 4.3  保护性农业与土壤孔隙度的影响 …………………………… 37

 4.4  保护性农业措施与土壤团聚体组成和稳定性 ……………… 38

 4.5  保护性农业措施与土壤三相及三相偏离值 ………………… 41

 4.6  土壤物理性质之间的相关性分析 …………………………… 43

5  保护性农业措施与土壤化学性质 ……………………………… 46

 5.1  保护性农业与土壤pH值 …………………………………… 46

 5.2  保护性农业与土壤有机碳和全量养分 ……………………… 47

 5.3  保护性农业与土壤速效养分 ………………………………… 48

 5.4  土壤化学性质与土壤物理性质间的相关性分析 …………… 49

6  保护性农业措施与土壤酶活性 ………………………………… 51

 6.1  保护性农业与土壤葡萄糖苷酶活性 ………………………… 51

 6.2  保护性农业与土壤蛋白酶活性 ……………………………… 52

 6.3  保护性农业与土壤蔗糖酶活性 ……………………………… 52

 6.4  保护性农业与土壤过氧化氢酶活性 ………………………… 53

 6.5  保护性农业与土壤乙酰氨基葡萄糖苷酶活性 ……………… 54

 6.6  保护性农业与土壤脲酶活性 ………………………………… 55

 6.7  保护性农业与土壤碱性磷酸酶活性 ………………………… 55

 6.8  土壤酶活性与土壤养分性质之间的相关性分析 …………… 56

7  保护性农业与土壤微生物群落结构 …………………………… 58

 7.1  保护性农业与细菌和真菌群落组成 ………………………… 58

 7.2  保护性农业与细菌和真菌多样性 …………………………… 63

7.3　保护性农业与细菌和真菌群落结构特征 ···················· 65

8　土壤微生物与土壤环境 ······································· 68

8.1　土壤理化性质和酶活性与土壤细菌 ···················· 68

8.2　土壤理化性质和酶活性与土壤真菌 ···················· 74

8.3　土壤环境因子对细菌和真菌优势菌门和菌目的Mantel分析 ······· 79

9　保护性农业与土壤微生物网络 ································· 86

9.1　保护性农业与土壤细菌共发生网络 ···················· 87

9.2　保护性农业与土壤真菌共发生网络 ···················· 94

10　保护性农业措施与土壤微生物装配过程 ···················· 101

10.1　保护性农业与土壤细菌微生物装配过程 ··············· 101

10.2　保护性农业与土壤真菌微生物装配过程 ··············· 103

10.3　保护性农业土壤细菌微生物中性群落模型 ············· 104

10.4　保护性农业土壤真菌微生物中性群落模型 ············· 111

11　保护性农业与土壤健康展望 ································· 119

参考文献 ····················································· 124

附录1　土壤科学专业术语 ····································· 127

附录2　世界土壤日主题 ······································· 137

# 1 绪 论

## 1.1 背景及意义

水土资源是人类赖以生存和发展的基本物质条件，是经济社会发展的基础资源。有效保护和合理利用水土资源，是保护生物多样性和关系人类生存和发展的长远大计。保护性农业是一种关于水土资源保护和农业可持续发展的重要措施，不仅可以保护土壤不受侵蚀，同时对土壤多种属性均有良好的影响。在气候变化的大背景下，保护性农业被认为是农业领域实现"双碳"目标最有效的技术措施之一。也是农学和资源环境领域的重要研究课题，其理念对农业的可持续发展具有重要的指导意义。

黄土高原作为世界上水土流失最严重的区域之一，其自然条件十分恶劣，是宁夏旱作农业重点区，也是国家历年来扶贫开发、生态建设的重点区域。干旱、缺水、少雨、蒸发量大是区域农业发展的关键限制因子，水土流失严重、土壤退化、生态系统结构功能失调是该区域持续发展的严重制约因素。"十年九旱"是该区域的真实写照。水土资源是人类赖以生存和发展的基本物质条件，是经济社会发展的基础资源。维持水土资源可持续健康发展是保护性农业蓬勃发展的根本所在。

### 1.1.1 土壤水资源是区域保护性农业发展和生态建设的生命线

土壤水库是旱区农业和生态高质量发展的关键因子，是衡量水资源承载力的重要基础，但是现阶段土壤水分持续利用机理不清，土壤干燥化问题凸显，亟须从理论上探明新时期不同耕作措施下土壤水分的特征，从而协调土壤水库与其影响因子间的关系，促进生态系统的健康发展。

干旱一直是陆地生态系统的常见危机，是世界范围内粮食安全和植物生产力的主要制约因素之一，对植物的生长、发育等产生不利影响（Rapparini等，2014），导致土地退化（Lesk等，2016）、生物多样性下降。土壤水库（土壤水分）是黄土高原生态建设、农业生产持续发展的关键因子，土壤深层土壤水分的储存是调节植物生长最重要的资源。土壤干燥化是土壤水分过耗、亏缺到一定程度的一种现象，是黄土高原半干旱和半湿润环境条件下形成的一种特殊的水文现象，最终表现形式为土壤干层的形成，土壤干层的存在会切断或减缓土壤水分上下层之间的交换，进而导致"土壤水库"功能减弱、植被退化或大规模死亡。土壤干燥化是土壤水分负平衡所产生的重大生态问题。近年来，随着各种水土保持措施的应用，植物生物量不断增加，过度消耗了土壤深层次水分，同时随着气候干旱化趋势加剧，降水极易被强烈的蒸发蒸腾作用所消耗，深层土壤由于缺乏降水入渗的补给而逐渐干燥化，恶化了土壤水分环境，削弱了土壤水库对干旱的调节能力，导致了"小老树""造林不见林""作物产量波动性加剧"等一系列区域生态问题。土壤干燥化破坏了水分循环，影响土壤物理、化学和生物学过程，严重制约着区域的健康发展，威胁着区域生态安全，严重阻碍了区域生态建设的步伐。关注保护性农业对土壤水资源的影响，将会凸显保蓄型农业节水效应，为区域农业水土资源的合理持续利用奠定坚实的基础，为区域生态农业建设铺好路。

### 1.1.2 土壤微生物是表征保护性农业土壤健康的关键指标

土壤微生物作为地球关键元素循环过程的引擎，介导了重要的生态系统过程，包括初级生产、分解、养分循环、气候调节、碳储存、疾病传播和污染物转化等（Ducklow，2008），是联系大气圈、水圈、岩石圈及生物圈物质与能量交换的重要纽带，是自然界中最丰富的化学和分子多样性的集合。

微生物间相互作用并保持动态关系，具有高的组织结构，在空间和时间上对生态过程产生重大影响，维系着人类和地球生态系统的可持续发展（朱永官等，2017；宋长青等，2013）。丰富的生物多样性与人类社会的发展息息相关，不仅可以增强系统的抗灾应变能力，维持生态系统的健康运转，而且为人类社会保存了丰富的遗传资源，提供多样的食物、干净的饮用水、健康优美的生存环境。丰富的生物多样性也是生态系统稳定的基石，而人类社会对土地的过度耕作、过度利用、化肥农药等化学品的过度使用严重破坏了土壤生态系统内部元素平衡，威胁着土壤生态系统的稳定性和可持续性。现阶段，宁夏回族自治区（以下简称宁夏）关于保护性农业措施对土壤微生物的研究还很缺乏，为了增强宁夏保护性农业措施的持续发展能力，增强保护性农业措施抗灾应变能力，亟须从理论层次上对保护性农业措施下土壤微生物的变化特征、影响因素、互动关系及变化机理进行系统的研究。

### 1.1.3 土壤理化和生物学性质协调机制是保护性农业措施优化的基础

科学地揭示保护性农业措施下的土壤理化和生物学性质，是评估保护性农业措施碳库、氮库等关键指标的基础，是衡量土壤水库健康与否的重要指标，是保护性农业措施持续利用的基础，是保障区域耕地安全和粮食安全的重要战略。

土壤理化和生物学指标是植物健康生长的重要评价标准，是土壤区别于成土母质的本质特征，也是土壤作为自然资源和农业生产资料的物质基础。健康的土壤是植物生长的重要基础，是生态安全和粮食安全的重要保障，也是适应和减缓气候变化的"战略工具"。保护性农业措施下土壤理化和生物学指标的高低从侧面反映了保护性农业措施的优劣，也是保护性农业措施与当地传统农业措施集成优化的基础，因此，揭示保护性农业措施下土壤理化和生物学指标的变化特征，是保护性农业措施优化利用的基础。

## 1.2 概念辨析

耕作方式对土壤理化生物学性质具有十分重要的影响，通常认为，传统耕作即铧式犁和旋耕机的耕作会扰动土壤，加速了有机碳的矿化（Liu 等，

2006）、破坏了土壤团聚体稳定性（Wang等，2015），降低了微生物群落多样性（Zhang等，2012）。免耕被证明可以减少土壤侵蚀和地表水中的养分流失（Brooks等，2010；Tullberg，2010）。施用残茬覆盖物可以通过增加土壤表面的入渗、团聚体稳定性和有机碳来改善土壤的理化性质（Govaerts等，2007）。免耕和覆盖作物管理能改善土壤有机碳、全氮、速效磷、交换性钾和镁、阳离子交换量（Wulanningtyas等，2021）。免耕能够显著增加微生物量碳和颗粒有机碳（Li等，2021）。加强碳固存是缓解二氧化碳排放增加导致的全球变暖的一个潜在途径（Rumpel等，2018）。免耕秸秆覆盖显著增加了0~5 cm土壤深度的细菌α多样性，改变了细菌群落组成（Li等，2021）。免耕能够改善土壤物理性质（Blanco等，2018）。免耕和少耕促进碳的封存和减少二氧化碳的排放。

世界范围内关于免耕对作物产量和环境效应的相关文献研究结果不一致，有些结果甚至是矛盾的，通常认为是由于对免耕制度定义及衡量标准不一致所导致，例如，覆盖耕作、少耕、最小耕作，或者包含其他不同程度土壤扰动的耕作，被称为免耕。对免耕制度缺乏共识，困扰着生产者、管理者以及研究人员，因此有必要对免耕制度进行说明。免耕是一种保护性耕作制度，在这种系统中，通过播种器，仅开一条适合种子生长的窄槽、沟或穴，此耕作措施中，其他土壤未被扰动（Derpsch等，2014）。免耕控制杂草的方法通常是：①适当的作物轮作；②适应的速生性覆盖作物品种；③不扰动土壤的机械，种植覆盖作物；④施用适当的除草剂（Derpsch等，2014）。覆盖作物可以减缓水土流失，改良土壤，抑制杂草，提高养分和水分利用率，帮助控制许多害虫（SARE/SAN，1998）。缺乏轮作、休耕期延长、覆盖物不足或定期耕作，都违反了免耕制度的概念，作为一种更全面的描述，免耕制度现在恰当地称为保护性农业制度。

保护农业有三项关键原则：①最小的土壤扰动，与可持续生产实践相一致；②通过管理作物、牧草和作物残茬最大限度地增加土壤表层覆盖；③通过作物轮作、覆盖作物和综合养分和病虫害管理来增加土壤生物活力（FAO，2013）。三项原则相互联系、共同作用才能有效地促进保护性农业发展。本书所指保护性农业不仅包括以上原则，更进一步扩展到了地膜覆盖栽培措施、秸秆还田、绿肥还田、覆盖作物以及所有有利于水土资源高效利用、有利于土壤健康和作物高产的措施，因为，事物总是在矛盾中发展的，需要借鉴其他措施的精华，促进自己的发展。

健康的土壤在维持植物、动物和人类生存等方面，扮演着重要的角色（USDA-NRCS，2012），健康的土壤必须含有足够的含碳化合物，以维持数十亿微生物的生存，从而提高养分矿化、有效性和作物产量（Pettit，2004）。FAO对土壤肥力的定义为：在没有可能抑制植物生长的有毒物质存在的前提下，土壤能持续为植物生长供应水分和养分的能力。土壤肥力更侧重于对土壤化学和部分物理特性的描述（Bünemann等，2018）。土壤质量是土壤物理、土壤化学和土壤生物学性质的综合反映，土壤质量是指土壤作为重要的生命系统行使各种功能的能力，以及在生态系统水平和土地利用的边界范围内，维持生产植物性和动物性产品的能力，维持或改善水和大气质量的能力，促进植物和动物健康的能力（Karlen等，1997）。《土壤学与生活》一书中土壤质量的定义为，在自然或管理生态系统的边界内，特定种类的土壤发挥作用的能力，维持或提高水和空气质量及支持人类健康和栖息地。《土壤质量 词汇》（GB/T 18834—2002）对土壤质量的定义为有关土壤利用和功能的总和。也有学者认为，土壤健康主要取决于生态特征，而土壤质量则包含土壤生物、物理和化学三个基本成分，土壤健康的含义不如土壤质量广（Karlen等，1997）。我国学者认为，土壤健康应从土壤生态功能的角度加以定义，如土壤作为一个有机整体在自然和人为扰动的情况下，其在生态系统中的功能受损，则称为土壤健康遭到破坏。土壤健康和土壤质量在其定义上应该存在着一定的差别。美国土壤学家Doran和Zeiss（2000）提出了土壤健康的概念。土壤健康是指土壤维持植物、动物和人类的重要生命系统的持续能力，土壤健康强调土壤在社会、生态系统和农业中的作用或功能。我国《耕地质量等级》（GB/T 33469—2016）将土壤健康定义为：作为一个动态生命系统具有的维持其功能的持续能力。土壤质量更多地体现为一种静态，而土壤健康体现在动态过程。土壤是一个整体的、动态的生命系统，1927年瓦克斯曼（Waksman）《土壤微生物学原理》一书的出版，标志着土壤微生物学的诞生。Balfour在1948年出版的《生命的土壤》（*The living soil*）中提出了土壤是一个生命体的概念，这是将土壤与健康紧密结合的纽带。随着生态文明的发展以及人们对健康环境的追求，土壤的基本功能必然是满足植物、动物以及人类健康要求的能力，健康的土壤在维持植物、动物和人类生存等方面，扮演着重要的角色（USDA-NRCS，2012），健康的土壤必须含有足够的含碳化合物，以维持数十亿微生物，从而提高养分矿化、有效性和作物产量（Pettit，2004）。因此可以把土壤健康作为土壤状况评估和土壤管理的标准和目标，这样更体现了当前社会的需求。

# 2 研究内容与方法

## 2.1 区域概况

1976年出版的《宁夏农业地理》一书中按照自然经济特点和农业生产特征并照顾传统习惯，将宁夏分为山区、川区、牧区。①南部山地农林区：黄河右岸老灌区以外之地尽属之，包括六盘山阴湿区（泾源县全部，隆德县大部，固原县南部，西吉、海原两县的部分）；西海固半干旱区（西吉、海原、固原的大部分及同心盐池的南部等黄土丘陵，简称半干旱区）；盐同香山干旱区（盐池、同心大部及中卫香山和灵武山区部分，简称干旱区）。②引黄灌溉农业区：黄河冲积平原。③阿拉善左旗（当时属于宁夏）。

2021年，宁夏回族自治区国土空间总体规划（2021—2035年）指出，宁夏位于我国西北内陆腹地，是全国最大的回族聚居区。自然资源丰富，黄河纵贯宁夏北部，形成宁夏黄河平原，被誉为"塞上江南"。据官方资料介绍，宁夏人均耕地面积居全国第2位，是全国商品粮生产基地、全国十大牧区之一，也是国家14个大型煤炭基地之一。宁夏地势南高北低并呈阶梯状下降，"一河三山（黄河、贺兰山、六盘山、罗山）"构成其自然地理格局，基于宁夏自然地理格局，提出构建"一带三区"的国土空间开发保护总体格局。其中，"一带"主要是贯彻落实国家黄河流域生态保护和高质量发展战略，谋划建设黄河生态经济带；"三区"分别立足于宁夏三大地形板块即北部引黄灌区、中部干旱带、南部山区，分别建设北部绿色发展区、中部封育保护区、南部水源涵养区。对于农业空间，规划将构建"三区一廊"农业空间格局。其中，"一廊"

指的是贺兰山东麓葡萄长廊;"三区"也是立足于宁夏三大地形板块,分别建设北部现代农业示范区、中部高效节水农业示范区、南部生态农业示范区。宁夏回族自治区第三次国土调查主要数据公报显示,全区主要地类面积为耕地 1 198 427.85 hm²(1 797.64万亩[①])、园地91 585.87 hm²(137.38万亩)、林地953 727.07 hm²(1 430.59万亩)、草地2 031 030.83 hm²(3 046.55万亩)、湿地24 884.34 hm²(37.33万亩)、城镇村及工矿用地297 508.51 hm²(446.26万亩)、交通运输用地94 177.49 hm²(141.27万亩)、水域及水利设施用地168 755.14 hm²(253.13万亩)。其中耕地、水田154 110.84 hm²(231.17万亩),占12.86%;水浇地382 096.24 hm²(573.14万亩),占31.88%;旱地662 220.77 hm²(993.33万亩),占55.26%。全区67%的耕地分布在中部干旱带和南部山区。海原县、西吉县、盐池县、同心县、原州区、平罗县6个县(区)耕地面积较大,占全区耕地的55%。位于年降水量600 mm以上(含600 mm)地区的耕地6 811.74 hm²(10.22万亩),占全区耕地的0.57%;位于年降水量400~600 mm(含400 mm)地区的耕地299 102.75 hm²(448.65万亩),占24.96%;位于年降水量200~400 mm(含200 mm)地区的耕地518 754.11 hm²(778.13万亩),占43.28%;位于年降水量200 mm以下地区的耕地373 759.25 hm²(560.64万亩),占31.19%。位于北部绿色发展区的耕地406 384.27 hm²(609.58万亩),占全区耕地的33.91%;位于中部封育保护区的耕地461 804.53 hm²(692.70万亩),占全区耕地的38.53%;位于南部水源涵养区的耕地330 239.05 hm²(495.36万亩),占全区耕地的27.56%。位于2°以下坡度(含2°)的耕地607 709.39 hm²(911.56万亩),占全区耕地的50.71%;位于2°~6°坡度(含6°)的耕地219 000.83 hm²(328.50万亩),占18.27%;位于6°~15°坡度(含15°)的耕地238 598.63 hm²(357.90万亩),占19.91%;位于15°~25°坡度(含25°)的耕地125 480.88 hm²(188.22万亩),占10.47%;位于25°以上坡度的耕地7 638.12 hm²(11.46万亩),占0.64%。

本书所涉及的数据主要来自宁夏农林科学院林业与草地生态研究所彭阳试验基地的保护性农业试验。彭阳县位于宁夏回族自治区南部边缘,六盘山东麓,介于东经106°32′~106°58′,北纬35°41′~36°17′。属于典型的温带大陆性气候,地貌类型属黄土高原腹部梁峁丘陵地,年平均降水量433.6 mm(22年)左右,分明显的旱季和雨季,其中50%~75%集中在6—9月。3—5

---

[①] 1亩≈667 m²。

月的降水量只有全年降水量的10%~20%。年平均气温7.4℃，≥10℃的积温为2 200~2 750℃，地面平均气温8~9℃，7月最高，平均为22~23℃；1月最低，平均为-8℃左右。一般11月中下旬土壤结冻，至翌年3月初开始解冻。最大冻土深度一般超过100 cm。日照时数为2 200~2 700 h，日照百分率为50%~65%，一年之中，6月日照时数最多，9月日照时数最少。近10年的干燥度为1.40~3.04（可能蒸散量/降水量），无霜期140~160 d。主要气象灾害有干旱、霜冻、冰雹等。

## 2.2　试验设计

本试验自2013年7月开始，随机区组设计，设置传统耕作、免耕+秸秆覆盖和免耕+种植覆盖作物［山黧豆（*Lathyrus quinquenervius*（Miq.）Litv.），当地农户称为三角豆］共3个处理，随机区组设计，3次重复；2015年7月冬小麦收获后常规种植区域增加撂荒、传统耕作秸秆全量还田、传统耕作绿肥还田；2016年种植胡麻，增加了地膜覆盖处理，2016年9月在免耕+覆盖作物处理组增加了翻耕处理撂荒，该处理直到2018年设置为地膜玉米试验小区，至此共计10个处理（图2-1，表2-1，表2-2），重复3次，小区面积根据地块面积略有不同，主要体现在重复1和重复2小区面积各50 m²，重复3小区面积30 m²。每个小区布设一根3 m长TDR水分探管。田间种植作物除2016年种植胡麻（轮作倒茬）外，其余年份根据试验设计分别种植冬小麦和玉米，冬小麦每年播种时间为9月中上旬（白露前后），收获时间为6月底至7月上旬；玉米播种时间为每年4月上旬，收获时间为每年9月底；绿肥作物为山黧豆，种植时间为每年冬小麦收获后。除了耕作措施不同外，施肥及播种等其他操作同大田。

a. 试验整体布局　　　　　　　　　　　　　b. 免耕+覆盖作物

c. 撂荒

d. 免耕

e. 轮作玉米

f. 传统耕作

图2-1　田间试验影像

表2-1　试验处理简介

| 组号 | 处理 | 缩写 | 编号 | 说明 |
|---|---|---|---|---|
| 1 | 传统耕作 | CK | 1、17、28 | 每年冬小麦收获后、伏天翻耕 |
| 2 | 传统耕作+秸秆还田（全量） | CK+RS | 2、18、29 | 每年冬小麦收获后，秸秆全量还田，伏天翻耕 |
| 3 | 传统耕作+绿肥还田 | CK+RC | 3、19、30 | 每年冬小麦收获后、免耕种植覆盖作物，播前翻耕 |
| 4 | 撂荒 | AL | 4、20、27 | 自然撂荒 |
| 5 | 免耕+秸秆覆盖（全量） | ZT+CS | 5、11、21 | 每年秸秆放置小区旁边，免耕播种，然后秸秆覆盖 |
| 6 | 传统耕作+秸秆覆盖（全量） | CK+CS | 6、12、22 | 每年冬小麦收获后、伏天翻耕，秸秆放置小区旁边，播种，然后秸秆覆盖 |
| 7 | 传统耕作+地膜覆盖 | CK+PM | 7、13、23 | 每年冬小麦收获后、伏天翻耕，覆膜播种 |

| 组号 | 处理 | 缩写 | 编号 | 说明 |
|---|---|---|---|---|
| 8 | 免耕+覆盖作物 | ZT+CC | 8、15、26 | 每年冬小麦收获后、免耕种植覆盖作物，免耕播种 |
| 9 | 免耕 | ZT | 9、14、24 | 每年免耕播种 |
| 10 | 轮作（地膜玉米） | CR | 10、16、25 | 耕作覆膜种植玉米 |

注：（1）每年7月15日左右种植三角豆；（2）冬小麦：行距20 cm，播量35 g/亩，肥料作为底肥一次性施入：尿素40 g/亩、磷酸氢二铵40 g/亩。（3）玉米追肥：玉米每亩追施尿素20 kg，三个小区分别追1.2 kg、1.5 kg、1.8 kg。（4）种子、肥料的施入用固定的容器，换算到每行的使用量，精确到行。

表2-2　试验处理设置过程

| 组号 | 2013年7月 | 2013年9月 | 2015年7月 | 2016年4月 | 2016年9月 | 2017年9月 | 2018年4月 | 2020年7月 |
|---|---|---|---|---|---|---|---|---|
| | | 冬小麦 | | 胡麻 | | 冬小麦 | | |
| 1 | | 传统耕作 | | | | | | |
| 2 | 传统耕作 | | 传统耕作+秸秆还田 | | | | | |
| 3 | | | 传统耕作+覆盖作物 | | | | | |
| 4 | | | 撂荒 | | | | | |
| 5 | | 免耕+秸秆覆盖（全量） | 免耕+秸秆覆盖（全量） | | | | | |
| 6 | | | 传统耕作+秸秆覆盖（全量） | | | | | |
| 7 | | | 传统耕作+地膜覆盖 | | | | | |
| 8 | | | | | 免耕+覆盖作物 | | | |
| 9 | | 免耕+覆盖作物 | | | 免耕 | | | |
| 10 | | | | | 翻耕+撂荒 | | | 轮作玉米 |

## 2.3　研究方法

### 2.3.1　土壤物理化学性质的测定

土壤含水量采用TDR时域反射仪测定，以及烘干法测定；土壤pH值使用pH计电位法测定，土水比按照1∶2.5的比例混合，在振荡机上振荡约

10 min，静置后将电极放在上清液中测定；土壤有机碳使用Elementar Liqui TOC Ⅱ analyzer（Elementar Analysensysteme GmBH，Hanau，Germany）测定；土壤全氮在$H_2SO_4$消煮后用全自动凯氏定氮仪（Foss Kjeltec 8400 analyzer unit，Kjeltec Analyzer Unit，Foss Tecator AB；Hoganas，Sweden）测定；土壤全磷通过$H_2SO_4$-$HClO_4$消解用钼锑抗比色法测定；土壤全钾采用$H_2SO_4$-$HClO_4$消解，火焰分光光度计测定；土壤硝态氮和铵态氮使用1 mol/L KCl振荡浸提，在AA3流动分析仪（AutoAnalyzer3-AA3，Seal Analytical，Mequon，WI）上测定；速效磷采用$NaHCO_3$振荡浸提，钼锑抗比色法测定；速效钾采用乙酸铵浸提，火焰光度法测定。

土壤持水量的测定（最大持水量、最小持水量、毛管持水量、毛管孔隙、非毛管孔隙、总孔隙度、团粒结构）的测定与计算。①选定代表性的测定地点，用环刀取原状土，用锋利的土壤刀削平表面，盖好，带回待测定；②将装有湿土的环刀放入平底容器中，注入并保持容器中水层的高度至环刀上沿为止，使其吸水达12 h，此时环刀内土壤中所有非毛管孔隙及毛管孔隙都充满水分，水平取出立即称重即可算出最大持水量，用天平称重；③将上述称量的环刀去掉底盖放置在干沙中达2 h，此时环刀内土壤非毛管水分已全部流出，但毛管水还在，立即称重即可算出毛管持水量；④再将环刀继续放置在干沙中48 h后，此时环刀内土壤保持的水分为毛管悬着水，立即称重算出最小持水量；⑤将环刀内的土壤放入团聚体测定仪中，振荡30 min，将不同粒径土壤筛中的土壤颗粒洗到滤纸上，过滤掉多余的水分，烘箱中烘干，称重，得到不同粒径团聚体质量；⑥将各个粒径团聚体质量求和，可算出土壤容重（图2-2）。

土壤容重=环刀内干土重/环刀体积

最大持水量（%）=（浸润12 h后环刀内湿土重-环刀内干土重）×100/环刀内干土重

最大持水量=0.1×土层厚度（cm）×土壤容重×最大持水量（%）

毛管持水量（%）=（在干沙上搁置2 h后环刀内湿土重-环刀内干土重）×100/环刀内干土重

毛管持水量=0.1×土层厚度（cm）×土壤容重×毛管持水量（%）

最小持水量（%）=（干沙搁置48 h后环刀内湿土重-环刀内干土重）×100/环刀内干土重

最小持水量=0.1×土层厚度（cm）×土壤容重×最小持水量（%）

非毛管孔隙（容积%）=［最大持水量（%）-毛管持水量（%）］×土壤容重

毛管孔隙（容积%）=毛管持水量（%）×土壤容重

总孔隙度（容积%）=毛管孔隙（容积%）+非毛管孔隙（容积%）

土壤透气度（容积%）=总孔隙度（容积%）-容积含水量（容积%）

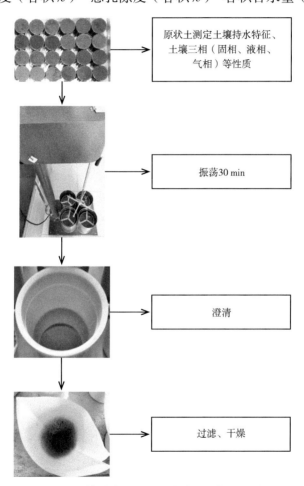

原状土测定土壤持水特征、土壤三相（固相、液相、气相）等性质

振荡30 min

澄清

过滤、干燥

图2-2 土壤持水特征及水稳性团聚体测定过程

## 2.3.2 土壤蒸发测定与方法

蒸渗桶水分循环过程如图2-3所示。

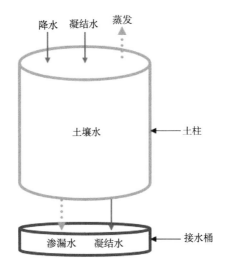

**图2-3  蒸渗桶水分循环过程**

蒸渗桶土壤蒸发量计算。根据蒸渗桶水分循环过程，结合农田土壤水分平衡方程得出土壤蒸发：

$$SE_i=P_i+CW_i-\Delta SW_i-LD_i \qquad (2-1)$$

式中，$SE_i$为土壤蒸发量（mm）；$P_i$为$i$阶段降水量（mm）；$CW_i$为$i$阶段凝结水（mm）；$\Delta SW_i$为$i$时段末与$i$时段初的土柱重量之差（mm）；$LD_i$为$i$阶段渗漏量（mm）。本试验中$CW_i$忽略不计，得出土壤蒸发量：

$$SE_i=P_i-\Delta SW_i-LD_i \qquad (2-2)$$

蒸渗桶土柱土壤持水量的变化量计算。本研究中设定水的密度按照1 g/cm³（mL）计算，密度公式是$\rho=m/V$，即$V=m/\rho$，也即1 mL水可等同于1 g水。1 cm³=1 mL，圆柱的体积$V=\pi r^2 h$，也即，蒸渗桶土柱的土壤持水量的变化量（mm）：

$$\Delta SW_i=V/（\pi r^2）=（SW_i-SW_{i-1}）/（\pi r^2） \qquad (2-3)$$

降水量的计算。在试验旁边，安装雨量筒，在土柱称重的同时，采用雨量杯测定，单位为mm。

渗漏水的计算。由于蒸渗桶的直径与雨量筒相同，采用雨量杯测量接水桶中的渗漏量，单位为mm。

降水保蓄率的计算。降水保蓄率指一定时间段降水在土壤中的贮存量占该时间段降水的百分比。

$$RE（\%）=\Delta SW/R \times 100 \qquad (2-4)$$

式中，$RE$为降雨保蓄率；$\Delta SW$按照公式（2-3）计算；$R$为降水量。

### 2.3.3　土壤微生物量碳、氮、磷测定

微生物量碳氮磷采用三氯甲烷（氯仿）熏蒸，$K_2SO_4$浸提测定。

微生物量碳氮磷：称取过2 mm筛的新鲜土样12.5 g6份，置于小烧杯中。将其中3份小烧杯放入真空干燥器中，干燥器底部放3个烧杯，其中一个放氯仿，烧杯内放少许玻璃珠（防爆），另一个放水（保持湿度），再放一杯稀NaOH。抽真空时，使氯仿剧烈沸腾3～5 min，关掉真空干燥器阀门，在暗室放置24 h。熏蒸结束后，打开干燥器阀门，取出氯仿，在通风橱中使氯仿全部散尽。另3份土壤放入另一干燥器中，但不放氯仿。将熏蒸的土样全部转移至150 mL三角瓶中，加入50 mL0.5 mol/L $K_2SO_4$（土水比为1∶4），振荡30 min，过滤。未熏蒸土样操作相同，同时做空白。

将过滤的待测液稀释15倍后在TOC总有机碳分析仪测定土壤总有机碳含量，用于测定土壤微生物量碳，计算结果如下：

土壤微生物量碳 =（熏蒸土壤有机碳 − 未熏蒸土壤有机碳）/0.45

式中，0.45是将熏蒸提取法提取液的有机碳增量换算成土壤微生物生物量碳所采用的转换系数（kEc）。

将提取液置于AA3连续流动分析仪中，测定待测液中微生物量氮，计算结果如下：

土壤微生物量氮 =（熏蒸土壤微生物量氮 − 未熏蒸土壤微生物量氮）/0.25

式中，微生物体氮的矿化系数K为0.25，即矿化出来的微生物体氮仅是微生物体总氮的0.25倍。

土壤微生物量磷含量：采用钼锑抗比色法-分光光度计测定，计算结果如下：

土壤微生物量磷 =（熏蒸土壤微生物量磷 − 未熏蒸土壤微生物量磷）/0.4

式中，微生物体磷的矿化系数K为0.4，即矿化出来的微生物体磷仅是微生物体总磷的0.4倍。

## 2.3.4　土壤酶活性测定

土壤葡糖苷酶采用对硝基酚比色法测定；土壤过氧化氢酶活性采用高锰酸钾滴定法测定；土壤蛋白酶活性采用Folin-Ciocalteu比色法测定；土壤蔗糖酶活性采用3,5-二硝基水杨酸比色法测定；土壤脲酶活性采用苯酚钠-次氯酸钠比色法测定；土壤乙酰氨基葡萄糖苷酶采用荧光微孔板法测定；土壤碱性磷酸酶采用磷酸苯二钠比色法测定。

## 2.3.5　土壤微生物测定

**土壤DNA的提取、扩增与纯化**：土壤微生物总DNA的提取采用土壤基因组DNA提取试剂盒（Tiangen Biotech Co., Ltd., Beijing, China）提取，用1%的琼脂糖凝胶电泳检测基因组DNA的完整性。

PCR扩增一式三份，模板为稀释后的基因组DNA，对细菌16S rRNA V3+V4区或V4+V5和真菌ITS1区进行扩增，引物为带Barcode的特异引物。采用引物分别为细菌16S rRNA：341F和806R或515F和907R，真菌ITS1：ITS5-1737F和ITS2-2043R。PCR总反应体系为30 μL，其中高保真PCR Master Mix 15 μL，正反引物各3 μL，DNA模板（5～10 ng）10 μL，无菌ddH$_2$O 2 μL。反应程序为：98℃预变性1 min；98℃变性10 s，30个循环，50℃退火30 s，72℃延伸30 s，72℃延伸5 min，最后4℃保温。PCR产物用2%琼脂糖凝胶进行电泳检测。将PCR产物等比混合，对400～450 bp的目的条带用Qiagen公司的胶回收试剂盒进行产物回收。文库构建与上机测序在北京诺禾致源公司应用Illumina HiSeq 2500平台进行，采用双端（pair-end）测序。

**序列数据分析**：原始数据的质量控制由QIIME软件进行并去除嵌合体，具有相同barcode的序列归到一起，通过UCHIME去除无法识别的序列。通过质量控制的序列用Flash软件进行连接。除去较短，不清晰及低质量序列。高质量序列通过UPARSE软件在97%相似水平上进行聚类并产生分类操作单元（Operational taxonomic units，OTUs）。由QIIME软件计算细菌和真菌的α-多样性中的Abundance-based coverage estimator（ACE）和Chao1指数，计算方法参照Zlatanova和Popova（2018）所述方法。香农（Shannon）与辛普森（Simpson）多样性的计算参照Whittaker（1972）所述方法。细菌和真菌分别用SILVA和UNITE数据库进行分类注释。

测序数据处理：使用Cutadapt先对reads进行低质量部分剪切，再根据Barcode从得到的reads中拆分出各样品数据，截去Barcode和引物序列初步质控得到原始数据（Raw reads）经过以上处理后得到的Reads需要进行去除嵌合体序列的处理，Reads序列通过（https://github.com/torognes/vsearch/）与物种注释数据库进行比对检测嵌合体序列，并最终去除其中的嵌合体序列，得到最终的有效数据（Clean Reads）。

## 2.3.6 数据处理

使用Excel对数据进行整理和初步处理，对不同农业措施土壤中物理性质、团聚体特征、土壤养分含量、土壤酶活性、土壤细菌真菌组成以及细菌真菌多样性，使用R语言的"EasyStat"包对数据进行处理，其中选用leveneTest进行方差齐性检验和Tukey方法对不同样本进行多重比较，并利用"ggplot2"对数据作图，包括柱形图和箱线图等。选用R语言中的"corrplot"和"ggcorrplot"包，采用Pearson方法，对土壤物理性质之间相关性、土壤物理和土壤养分之间相关性以及土壤养分和酶活性之间的相关性进行计算，并绘制可视化的相关性热图。土壤微生物群落结构的PCoA主坐标分析，采用R语言的"vegan"包，对不同农业措施土壤细菌和真菌进行基于OTU水平的BaryCurtis距离分析，选取贡献率最大主坐标组合，进行可视化作图，并利用置换多元方差（PERMANOVA）分析不同农业措施对土壤细菌和真菌群落结构差异的解释度，以及采用999次置换检验进行差异的显著性分析。利用R语言的"vegan"进行RDA（冗余分析），基于OTU水平，选取其中万分之五以上的OTU序列，基于的BaryCurtis距离，对土壤环境因子和土壤微生物进行dbrda计算，并对R2进行校正，最后利用"ggplot2"进行数据的可视化，以探究土壤不同环境因子对土壤细菌和真菌群落结构变化的相应程度，最后使用"rdacca.hp"进行层次分割法计算RDA中每个环境变量的解释率，并基于999次置换检验获取各环境因子解释度的显著性。为了探究土壤物理性质和化学性质等对土壤微生物的影响，选用能够对两个矩阵的相关关系进行检验的Mantel test检验，通过计算环境因子和微生物的距离矩阵，采用R语言的"corrplot""vegan"和"ggcor"包，对数据进行计算和可视化。不同农业措施土壤中微生物网络结构，采用SparCC方法计算。对于识别群落中微生物相互作用，基于物种丰度组成数据的相关性分析是最为常见的一种方法，但是这种分析可能会产生与真实情况相违背的虚假关系，归因于测序获得的物种丰度或基因丰度等很难绝对定量。群落多样性是调节这种组合效应的剧烈程度的关键因素，为此SparCC方法被开发出来，用于计算微生物相关性，并通过相关矩阵构建关联网络。通过bootstrap方法对原始数据集重抽样，获得随机的数据集，以计算伪$P$值，最后通过合并相关矩阵和$P$值矩阵，获得网络。对获得的相邻矩阵，通过"igraph"包，进行网络拓扑属性的计算等。微生物群落装配过程由确定性过程（基于生态位的理论）和随机性过程（中性理论）共同作用塑造。采用R语言的"ape""picante""reshape2"和"tibble"包对其进行计算。

# 3 保护性农业与土壤水分

水是由两个氢原子和一个氧原子组成的无机化合物，是每一个生命细胞的重要组成部分，水分与土壤物理、化学和生物学性质密切相关。

## 3.1 保护性农业对土壤水分的影响

### 3.1.1 播种期土壤水分

保蓄较多的降水对旱地农业具有重要意义，通过3种保护性农业措施对冬小麦农田休闲期土壤水分的分析得出，免耕+秸秆覆盖处理显著增加了冬小麦播种期0～200 cm各个层次的土壤水分，0～200 cm平均含水量增加了10.2%，0～20 cm、20～40 cm、40～60 cm、60～80 cm、80～100 cm、100～120 cm、120～140 cm、140～160 cm、160～180 cm、180～200 cm土壤含水量分别比传统耕作增加了9.3%、19.4%、16.9%、18.8%、5.7%、2.6%、7.9%、4.9%、6.0%、13.8%。免耕+覆盖作物处理0～200 cm土壤含水量的平均值为19.33%，传统耕作处理0～200 cm土壤含水量的平均值为19.32%，即两者没有明显的差异，免耕+覆盖作物处理消耗了40～60 cm的土壤水分，从而一定程度影响到土壤水分（图3-1）。

## 3.1.2　生育期土壤贮水量

　　土壤贮水量可以系统地研究不同时段各试验处理的土壤水分利用情况，反映了土壤水分的真实值。分析了免耕+秸秆覆盖、免耕+覆盖作物和传统耕作不同时期土壤贮水量，阐述了免耕+秸秆覆盖处理和免耕+覆盖作物处理土

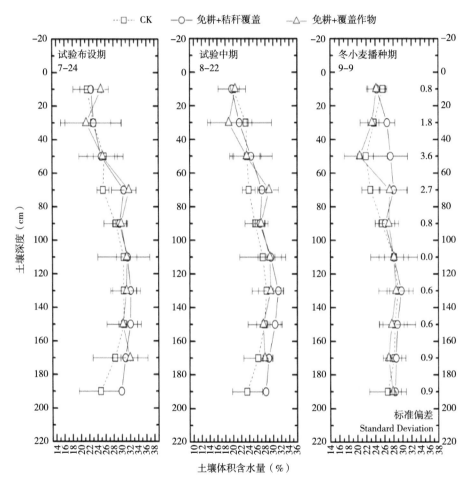

**图3-1　不同保护性农业措施对冬小麦农田休闲期土壤水分的影响**

壤贮水量在0～200cm土壤层次分别比传统耕作处理增加了8.6%、4.1%。也即免耕+秸秆覆盖处理和免耕+覆盖作物处理能够增加土壤贮水量。将0～200cm的土壤水分分为土壤水分变化敏感深度0～80cm和土壤水分变化缓慢深度80～200cm，在冬麦返青后至成熟期土壤贮水量逐渐降低，其他时期主要受

降水的影响较大。免耕+秸秆覆盖处理、免耕+覆盖作物处理和传统耕作处理
在3个土壤层次间的土壤贮水量均达到显著性差异（$P<0.05$）。免耕+秸秆覆
盖处理和免耕+覆盖作物处理土壤贮水量在0～80 cm土壤层次分别比传统耕作
处理增加了12.1%、8.2%，土壤贮水量在80～200 cm土壤层次分别比传统耕作
处理增加了6.6%、2.0%（图3-2）。

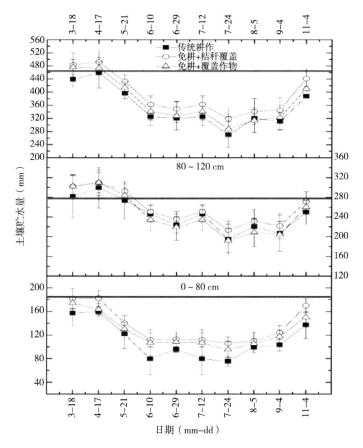

图3-2　不同保护性农业措施土壤贮水量动态变化

## 3.2　不同覆盖措施土壤水分特征

### 3.2.1　土壤水分垂直变化

传统耕作、传统耕作+地膜覆盖、免耕+秸秆覆盖在不同深度下土壤水分
（图3-3）变化趋势相似，由浅至深，整体上都表现出先增加后减少的变化，

将3种耕作模式含水率变化趋势分为3层：易变层（0～40 cm）、缓慢变化层（40～160 cm）、稳定变化层（160～280 cm）。在0～20 cm土壤深度，传统耕作含水率为16.3%、传统耕作+地膜覆盖含水率为19.69%、免耕+秸秆覆盖含水率为22.14%，传统耕作+地膜覆盖比传统耕作高3.39%，免耕+秸秆覆盖比传统耕作高5.84%。传统耕作最大值为25.54%，最小值为16.3%，变化幅度为9.24%；地膜覆盖最大值为26.36%，最小值为19.03%，变化幅度为7.33%；免耕+秸秆覆盖最大值为26.2%，最小值为18.5%，变化幅度为7.7%，可知，传统耕作+地膜覆盖和免耕+秸秆覆盖土壤含水率变化幅度相似，传统耕作土壤含水率变化幅度较高。将传统耕作、传统耕作+地膜覆盖和免耕+秸秆覆盖0～280 cm整体含水率做平均值，分别为20.32%、21.62%、21.92%，可得免耕+秸秆覆盖在垂直方向0～280 cm的平均含水量最高（21.92%），传统耕作在垂直方向0～280 cm的平均含水量最低（20.32%）（图3-3）。

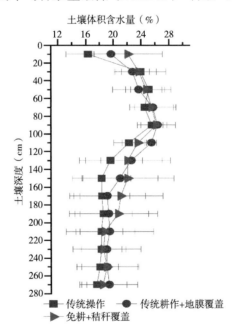

图3-3　不同覆盖措施土壤水分的垂直变化

### 3.2.2　土壤蓄水效率

利用公式：$W=\theta \cdot h$，式中，$W$为土壤贮水量（mm）；$\theta$为土壤体积含水率；$h$为土层深度（mm），再将各层贮水量相加得总贮水量。分析传统耕作+

地膜覆盖、免耕+秸秆覆盖和传统耕作3种耕作模式休闲前期和末期的土壤贮水量，根据降水量和土壤贮水量进一步求得蒸发量与降水保蓄率。根据传统耕作、传统耕作+地膜覆盖和免耕+秸秆覆盖处理休闲末期比初期0～3 m土壤贮水量分别高59.07 mm、111.91 mm和86.2 mm；传统耕作+地膜覆盖和免耕+秸秆覆盖在土壤蒸发量方面明显比传统耕作低很多，分别低了52.84 mm和27.13 mm；与传统耕作相比，传统耕作+地膜覆盖和免耕+秸秆覆盖休闲期降水保蓄率较传统耕作显著提高，分别提高了89.42%和45.93%（表3-1）。

表3-1　不同覆盖措施对休闲期0～3 m土壤蓄水效率的影响

| 处理 | 降水量（mm） | 土壤贮水量（mm） | | 土壤蒸发量（mm） | 降水保蓄率% |
|---|---|---|---|---|---|
| | | 7月17日 | 9月14日 | | |
| 传统耕作 | 271.60 | 580.48 | 639.55 | 212.53 | 21.75 |
| 传统耕作+地膜覆盖 | 271.60 | 598.70 | 710.61 | 159.69 | 41.20 |
| 免耕+秸秆覆盖 | 271.60 | 609.53 | 695.73 | 185.40 | 31.74 |

## 3.3　撂荒对土壤水分的影响

### 3.3.1　土壤水分的垂直变化

传统耕作仅在20～60 cm深度土壤含水率略微高于撂荒处理，而在0～40 cm深度和60～280 cm深度撂荒处理土壤含水率明显高于传统耕作。0～100 cm深度，传统耕作下土壤含水率最大值为26.3%，最小值为18.1%，变化幅度为8.2%，撂荒处理下土壤含水率最大值为29.1%，最小值为22.2%，变化幅度为6.9%。100～280 cm深度，传统耕作下土壤含水率最大值为23.62%，最小值为17.71%，变化幅度为5.91%，撂荒处理下土壤含水率最大值为27.42%，最小值为19.54%，变化幅度为7.88%。

将0～280 cm深度两种耕作方式下的土壤含水率成对样本进行 $t$ 检验。得出 $P \leq 0.05$，说明两种耕作方式下的土壤含水率有显著性差异。再将传统耕作和撂荒处理0～280 cm深度土壤含水率做平均值，结果显示，传统耕作土壤含水率为21.13%，撂荒处理土壤含水率为23.83%，撂荒处理土壤含水率比传统耕作高12.7%。撂荒处理处理下的土壤含水率整体高于传统耕作，且两种耕作方式土壤含水率有显著性差异，0~100 cm深度变化幅度较大，100~280 cm深度变化幅度较小，撂荒处理土壤含水率整体优于传统耕作，撂荒处理能促进土壤水分恢复（图3-4）。

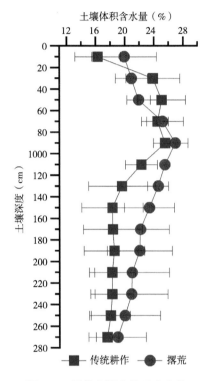

图3-4　撂荒土壤水分垂直变化

### 3.3.2　撂荒蓄水效率

在休闲期，撂荒处理比传统耕作处理贮水量更多，土壤贮水量差有明显的差异，撂荒处理比传统耕作贮水量多34.7%；撂荒处理下的土壤蒸发量明显低于传统耕作处理，低9.0%；撂荒处理下的降水保蓄率明显高于传统耕作处理，高34.7%，相比于传统耕作，撂荒处理的保墒率更好（表3-2）。说明撂荒处理能够提高土壤蓄水保墒能力，有利于提高农田土壤水分的恢复力，从而推动农业可持续发展。

表3-2　农田土壤水分分析

| 水土保持措施 | 土壤贮水量（mm） | | 降水量（mm） | 土壤蒸发量（mm） | 降水保蓄率（%） | 相对保墒率（%） | 土壤贮水量差（mm） |
| --- | --- | --- | --- | --- | --- | --- | --- |
| | 7月17日 | 9月17日 | | | | | |
| 传统耕作 | 546.5 | 602.3 | 271.6 | 215.8 | 20.5 | | 55.8 |
| 休耕 | 605.8 | 680.9 | 271.6 | 196.5 | 27.7 | 13.1 | 75.1 |

## 3.4　不同覆盖措施与土壤蒸发

采用自制蒸渗桶，蒸渗桶由内桶、外桶、内桶底盖、接水桶4部分组成，外桶高均为35 cm，内桶设置10 cm、15 cm、20 cm、25 cm、30 cm。选择传统耕作、撂荒、传统耕作+地膜覆盖、免耕、免耕+秸秆覆盖等处理，每种处理分别设置了5 cm、10 cm、15 cm、20 cm、25 cm的土柱。

**2018年**　以不同保护性农业措施、土柱高度为自变量，分析2因子对不同保护性农业措施日蒸散的影响，分析得出土柱高度对土壤日蒸散影响不显著（F=0.712，P=0.586），不同保护性农业措施对土壤日蒸散影响显著（F=24.070，P<0.001），传统耕作与撂荒、免耕+秸秆覆盖和传统耕作+地膜覆盖间差异显著；传统耕作+地膜覆盖与传统耕作、撂荒、免耕+秸秆覆盖和免耕+秸秆覆盖间差异显著；免耕与免耕+秸秆覆盖、传统耕作+地膜覆盖间差异显著。传统耕作+地膜覆盖（4.43 mm/d）、免耕+秸秆覆盖（4.65 mm/d）、免耕（4.84 mm/d）和撂荒（4.79 mm/d）土壤蒸发量分别比传统耕作（5.00 mm/d）降低11.37%、6.90%、3.10%和4.14%（图3-5a）。

**2019年**　以不同保护性农业措施、土柱高度为自变量，分析2因子对不同保护性农业措施日蒸散的影响，分析得出不同保护性农业措施和土柱高度对土壤日蒸散影响显著［保护性农业措施（F=9.325，P<0.001）、不同土柱高度（F=19.094，P<0.001）］，传统耕作+地膜覆盖与撂荒间差异显著；撂荒、免耕+秸秆覆盖、免耕土壤蒸散量与传统耕作间差异显著。5 cm土柱土壤蒸散量与20 cm和25 cm差异显著；10 cm土柱土壤蒸散量与20 cm和25 cm差异显著；15 cm土柱土壤蒸散量与25 cm差异显著；20 cm土柱土壤蒸散量与25 cm差异显著（图3-5b）。

**2020年**　以不同保护性农业措施、土柱高度为自变量，分析2因子对不同保护性农业措施日蒸散的影响，分析得出不同保护性农业措施和土柱高度对土壤日蒸散影响显著［保护性农业措施（F=2.945，P=0.027）、不同土柱高度（F=9.893，P<0.001）］。地膜覆盖与休耕间差异显著。5 cm土柱土壤蒸散量与25 cm差异显著；10 cm土柱土壤蒸散量与25 cm差异显著；15 cm土柱土壤蒸散量与25 cm差异显著；20 cm土柱土壤蒸散量与25 cm差异显著（图3-5c）。

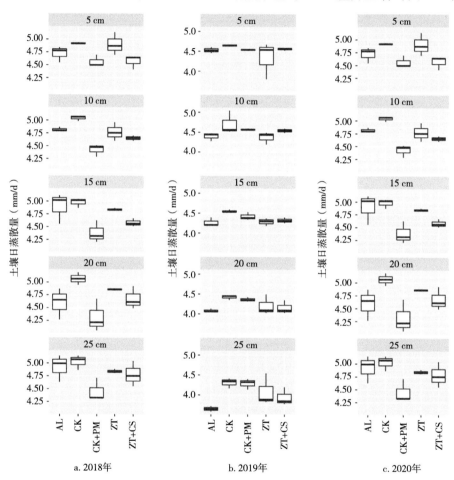

图3-5 不同保护性农业措施休闲期土壤日蒸散量

对3个时期不同保护性农业土壤日蒸散平均值分析得出，不同保护性农业措施和土柱高度对土壤日蒸散影响显著［保护性农业措施（F=8.368，P<0.001）、不同土柱高度（F=14.357，P<0.001）］。

传统耕作+地膜覆盖（3.577 mm/d）、免耕（3.591 mm/d）、免耕+秸秆覆盖（3.555 mm/d）和休耕（3.534 mm/d）均能显著（P<0.001、P=0.004、

$P<0.001$、$P=0.001$）降低土壤蒸散量，分别比传统耕作+（平均值=3.740 mm/d）降低4.35%、3.98%、4.94%、5.51%。传统耕作+地膜覆盖、免耕、免耕+秸秆覆盖和撂荒之间差异不显著。

5 cm、10 cm、15 cm、20 cm、25 cm土柱土壤日蒸散量分别为3.659 mm/d、3.689 mm/d、3.664 mm/d、3.551 mm/d、3.434 mm/d。5 cm土柱蒸散量与25 cm相比差异显著（$P<0.001$）；10 cm土柱土壤蒸散量与20 cm和25 cm相比差异显著（$P=0.008$、$P<0.001$）；15 cm土柱土壤蒸散量与20 cm和25 cm相比差异显著（$P=0.047$、$P<0.001$）；20 cm土柱土壤蒸散量与25 cm相比差异显著（$P=0.034$）。总体趋势为土柱高度越低，蒸散量越高（图3-6）。

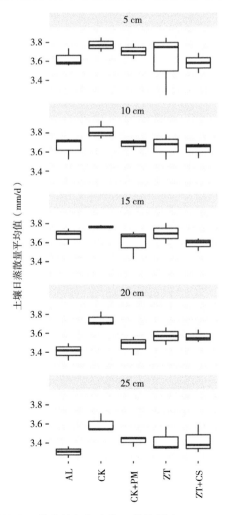

图3-6　不同保护性农业措施休闲期土壤日蒸散量（2018—2020年3年平均值）

不同保护性农业措施冬小麦休闲期土壤日蒸散量与气象因子光合有效辐射、平均气温、降水量、风速相关系数为0.69～0.98，具有显著的正相关（$P<0.05$），与空气相对湿度相关性较弱，不显著（$P>0.05$）负相关。

采用模拟试验分析了不同覆盖措施冬小麦休闲期土壤蒸发对土壤水分的影响，不同年份研究结果不同，传统耕作+地膜覆盖、免耕、免耕+秸秆覆盖和撂荒均能显著降低土壤蒸散量，分别比常规降低4.35%、3.98%、4.94%、5.51%，传统耕作+地膜覆盖、免耕、免耕+秸秆覆盖和撂荒之间差异不显著。土柱高度对土壤蒸散量具有显著的影响，总体趋势是土柱高度越低，蒸散量越高。光合有效辐射、平均气温、降水量、风速与土壤日蒸散量具有显著的正相关，空气湿度与土壤日蒸散量具有不显著的负相关（图3-7）。

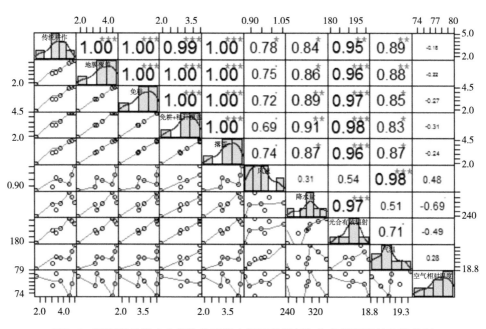

图3-7　不同保护性农业措施休闲期土壤日蒸散量与气象因子间的相关分析

## 3.5　冬小麦农田休闲期土壤蒸发特征

进一步分析了冬小麦休闲期传统耕作+地膜覆盖处理组土壤蒸发对土壤水分的影响，不同阶段数据分析结果规律不同，第二阶段8月1日至8月12日传统耕作+地膜覆盖的蒸发量高于传统耕作，其他三个阶段传统耕作+地膜覆盖均低于传统耕作，气象因子显示第二阶段平均风速与其他阶段有一定的差异。由于地膜为前茬作物收获后的残膜，具有一定的裸露面积，有可能是风速的变化引起了蒸发量的变化。总体平均得出传统耕作+地膜覆盖比传统耕作土壤蒸发量降低了15%（图3-8，图3-9）。

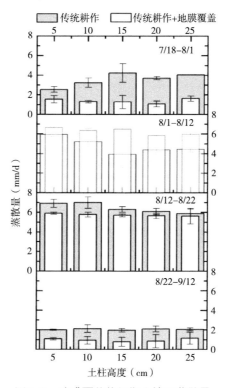

**图3-8　地膜覆盖休闲期土壤日蒸散量**

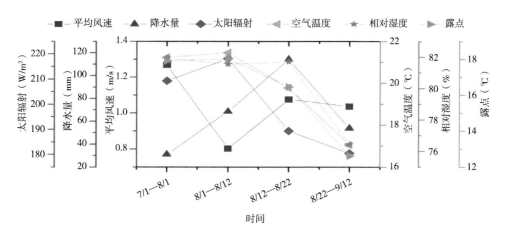

**图3-9　地膜覆盖休闲期气象因子变化特征**

## 3.6 地膜覆盖对土壤水分的影响

针对土壤干燥化这一黄土高原旱区农业特有的现象，已经开展了大量的研究，尤其是林草地土壤干燥化，研究主要集中于土壤旱化特征的描述上，相关研究正向土壤干燥化定位试验、发生机制、动力学机制、干燥化的模拟以及与降水和生产力等因素的耦合机制以及土壤水库生态安全等方面发展。已有关于旱耕地土壤干燥化的相关研究，但少有关于覆盖措施土壤干燥化等方面的系统研究，开展覆盖措施对土壤旱化的相关研究，对于防治黄土高原旱地土壤退化以及旱地土壤水分利用管理具有重要理论价值和实践意义。

### 3.6.1 覆盖措施与林草地土壤水分的比较

土壤干层是降水难以补给，水分负平衡形成的干燥化土层，与土壤理化性质和植被生长状况呈现显著负相关，最终会导致土壤退化，影响生态系统服务功能。区域部分林草已经产生了明显的土壤干层，为了直观表示地膜覆盖土壤水分和产生土壤干层的林草地土壤水分间的关系，也为了更好展示土壤干层状态，进行了产生土壤干层林草地与地膜覆盖栽培4年的玉米地土壤水分的比较，田间稳定持水量由地膜玉米地220 cm以下土壤水分的平均值计算所得，结果显示，玉米地在20～100 cm处土壤水分低于田间稳定持水量，此土壤层次的低湿度主要是由于作物耗水所产生，且在降水补给范围内，100～220 cm土壤水分处于有效水利用范围，220 cm以下处于田间稳定持水量。高耗水的苜蓿地产生了严重的土壤干层，所有土壤层次均处于田间稳定持水量以下，也即有限的降水不能平衡苜蓿地土壤水分的消耗。柠条地土壤水分在40 cm以下土壤水分低于田间稳定持水量。柠条地在400 cm处出现了水分的拐点，400 cm以下和苜蓿地土壤水分变化趋势一致，此处以下的土壤水分应该是土壤水分运移下限，降水补给范围处于400 cm，也即400 cm以下土壤水分不会再往上运移供植物消耗，即产生了下伏性干层。初步得出半干旱区连年地膜覆盖土壤水分消耗主要在降水补给范围内，不会像林草地产生下伏土壤干化层，同时玉米地土壤水分变化主要集中在0～220 cm的土壤层次（图3-10）。

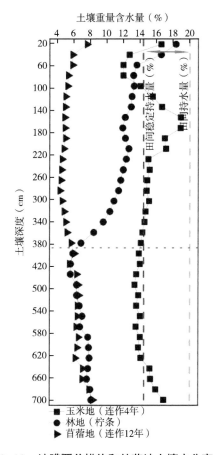

图3-10　地膜覆盖措施和林草地土壤水分变化

## 3.6.2　连续地膜覆盖对土壤水分的影响

　　研究分析了3年冬小麦收获期土壤水分数据，分析得出冬小麦地膜覆盖重茬栽培措施增加了表层土壤水分，农作物生产消耗了区域土壤水分，产生了一定的低湿度土壤层次，但不是由于地膜的作用。由2016年、2018年、2020年夏季土壤水分数据（通常此时土壤水分较低，最能反映雨养农业条件下土壤水分状况）分析得出，地膜覆盖栽培在冬麦收获后土壤水分表层有明显变化外，其他各层变化较小，用2种处理不同土壤层次3次平均值做成对数据 $t$ 检验得出，$P=0.017$，差异显著，地膜覆盖栽培在冬小麦收获后，除表层土壤水分地膜覆盖比传统耕作增加17.1%外，其他各层2种栽培措施差异较小。由于表层土壤水分主要受气候变化、植物耗水影响，变化较大，且土壤水分的消耗，在雨季会被补充，所以考虑到土壤干层，主要对2 m以下的数据进行分析，根据前期研究蓝色虚线为土壤稳定体积含水量，可以得出，冬小麦40~220 cm土壤层次产生了一定的低湿度，但主要是由于作物耗水和气候变化所致，且2种栽培措施在20 cm以下各个层次间土壤水分差异不显著，即与传统措施相比地膜覆盖不会影响土壤水分。在2种措施土壤水分变化相似的情况下，地膜覆盖处理能够通过高效利用土壤水分，增加土壤水分利用效率，提高作物产量。土壤水分的高效利用必然引起土壤理化生物学性质的变化，因此，有必要开展水分高效利用情景下土壤理化生物学性质的变化研究（图3-11）。

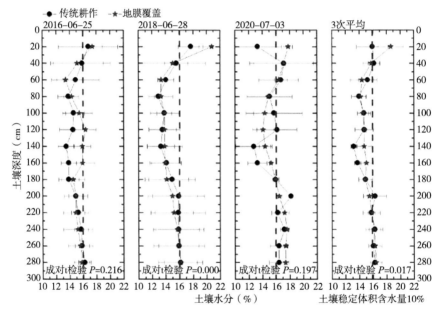

图3-11　冬小麦地膜栽培措施土壤水分变化

### 3.6.3　土壤水分相对亏缺指数和干燥化指数

利用土壤水分相对亏缺指数和干燥化指数分析评价了地膜覆盖对土壤水分的影响，阐明了连年地膜覆盖能够引起轻微的土壤水分亏缺和干燥化，地膜玉米比地膜小麦更加明显。土壤水分相对亏缺指数表明覆膜玉米能够引起土壤水分的轻微亏缺，冬小麦连年覆膜种植土壤水分相对亏缺指数呈现从无亏缺向亏缺变化的趋势，地膜玉米更容易引起土壤水分亏缺（轻度水分亏缺）。干燥化指数分析表明随着地膜覆盖年限的增加，土壤干燥化呈现增加的趋势，地膜玉米更加明显（图3-12）。

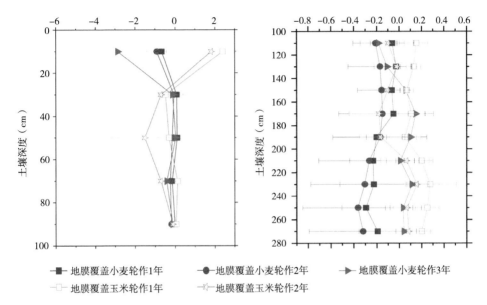

地膜覆盖小麦轮作1年　　地膜覆盖小麦轮作2年　　地膜覆盖小麦轮作3年
地膜覆盖玉米轮作1年　　地膜覆盖玉米轮作2年

图3-12　地膜覆盖土壤水分相对亏缺指数

利用土壤水分相对亏缺指数［Compared soil water deficit index, CSWDI；CSWDI=（无膜农田土壤水分-覆膜农田土壤水分）/（无膜农田土壤水分-凋萎含水量）］，评价不同作物不同年限不同土壤层次土壤水分的相对亏缺程度。CSWDI>0，表明存在土壤水分亏缺，值越大亏缺越严重；CSWDI<0，表明水分良好，未出现水分亏缺。土壤水分数据来源于2018年4月3日、2019年4月10日、2020年4月11日，以传统耕作（无地膜覆盖）为对照，计算地膜覆盖各处理各层次土壤水分相对亏缺指数。地膜玉米在表层出现了土壤亏缺，有可能是土壤蒸散造成的局部水分亏缺，在深层，覆膜1年和2年具有轻微的土壤水分亏缺，表现为覆膜1年亏缺指数大于覆膜2年。冬小麦随着覆膜年限的增加，土壤水分相对亏缺指数呈现微弱的增加趋势，覆膜3年160 cm以下出现了轻微的土壤水分亏缺。地膜冬小麦和地膜玉米相比，地膜玉米更容易引起土壤水分亏缺（轻度水分亏缺）（图3-13）。

土壤干燥化指数［土壤干燥化指数=（土壤含水量-凋萎含水量）/（田间稳定含水量-凋萎含水量）］是评价土壤干燥化的重要指标，土壤干燥化指数大于1，表明无干燥化，越小于1表明干燥化越严重。由于0～100 cm土壤水分受气候和作物生产影响较大，干燥化评价主要针对100 cm以下的土壤层次。研究表明，随着覆盖年限的增加，土壤干燥化呈现增加的趋势，地膜玉米更加明显。

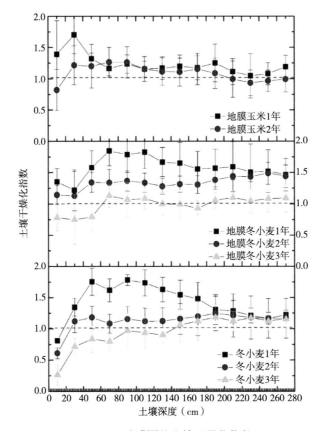

图3-13　地膜覆盖土壤干燥化指数

# 4 保护性农业与土壤物理性质

土壤物理性质决定土壤在生态系统中的功能并影响最佳土壤管理方案的制定。

## 4.1 保护性农业措施与土壤容重

如图4-1所示，传统耕作、免耕+秸秆覆盖和免耕+覆盖作物的不同耕作措施中，保护性农业措施免耕+秸秆覆盖和免耕+覆盖作物能够显著提高土壤容重（$P<0.05$），其中免耕+秸秆覆盖下土壤容重最高。免耕+秸秆覆盖和免耕+覆盖作物土壤容重分别为$1.20 \sim 1.30 \ kg/m^3$和$1.20 \sim 1.31 \ kg/m^3$，较传统耕作土壤容重分别高出16.9%和15.65%。

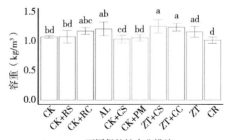

注：CK，传统耕作；CK+RS，传统耕作+秸秆还田（全量）；CK+RC，传统耕作+绿肥还田；AL，撂荒；CK+CS，传统耕作+秸秆覆盖（全量）；CK+PM，传统耕作+地膜覆盖；ZT+CS，免耕+秸秆覆盖；ZT+CC，免耕+作物覆盖；ZT，免耕；CR，轮作（地膜玉米）；下同。

**图4-1 不同农业措施下土壤容重**

免耕+秸秆覆盖、传统耕作+秸秆覆盖和传统耕作+地膜覆盖的容重分别为1.263 kg/m³、1.04 kg/m³和1.06 kg/m³。保护性农业措施免耕+秸秆覆盖的土壤容重显著高于传统耕作与保护性耕作相结合（传统耕作+秸秆覆盖和传统耕作+地膜覆盖）的耕作措施（$P<0.05$），且较传统耕作+秸秆覆盖和传统耕作+地膜覆盖分别高出21.02%和18.62%。

## 4.2 保护性农业措施与土壤持水特征

传统耕作、免耕+秸秆覆盖和免耕+覆盖作物的不同耕作措施下田间持水量、毛管持水量之间均无显著差异（图4-2，图4-3），而免耕+秸秆覆盖的饱和持水量显著低于传统耕作（$P<0.05$）（图4-4）。其中田间持水量、毛管持水量和饱和持水量均以保护性农业措施免耕+秸秆覆盖为最低，田间持水量最高的是免耕+覆盖作物，毛管持水量和饱和持水量最高均为传统耕作。

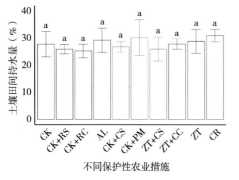

图4-2 不同农业措施下土壤田间持水量　　图4-3 不同农业措施下土壤毛管持水量

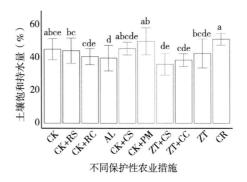

图4-4 不同农业措施下土壤饱和持水量

免耕+秸秆覆盖、传统耕作+秸秆覆盖和传统耕作+地膜覆盖的不同耕作措施下土壤含水量无显著性差异，田间持水量、毛管持水量和饱和持水量大小顺序均为免耕+秸秆覆盖<传统耕作+秸秆覆盖<传统耕作+地膜覆盖，其中传统耕作+地膜覆盖的土壤饱和持水量显著高于免耕+秸秆覆盖（$P<0.05$），且高出39.07%。

## 4.3  保护性农业对土壤孔隙度的影响

图4-5至图4-7显示，传统耕作、免耕+秸秆覆盖和免耕+覆盖作物的不同耕作措施下土壤孔隙度特征之间均无显著性差异，其中非毛管孔隙度和总孔隙度大小顺序均表现为传统耕作>免耕+覆盖作物>免耕+秸秆覆盖，毛管孔隙度大小顺序为免耕+覆盖作物>免耕+秸秆覆盖>传统耕作。其中传统耕作的非毛管孔隙度高出免耕+秸秆覆盖和免耕+覆盖作物62.69%和56.61%。

免耕+秸秆覆盖、传统耕作+秸秆覆盖和传统耕作+地膜覆盖的不同耕作措施的土壤非毛管孔隙度大小顺序为免耕+秸秆覆盖<传统耕作+地膜覆盖<传统耕作+秸秆覆盖，其值大小分别为6.86%、13.53%和14.99%，其中传统耕作+地膜覆盖和传统耕作+秸秆覆盖均显著高于免耕+秸秆覆盖（$P<0.05$）。土壤毛管孔隙度大小顺序为传统耕作+秸秆覆盖<免耕+秸秆覆盖<传统耕作+地膜覆盖，其值大小顺序为32.15%、37.37%和37.58%，免耕+秸秆覆盖和传统耕作+地膜覆盖显著高于传统耕作+秸秆覆盖（$P<0.05$）。不同耕作措施土壤总孔隙度之间均无显著性差异，其大小顺序为免耕+秸秆覆盖<传统耕作+秸秆覆盖<传统耕作+地膜覆盖，其值大小分别为44.23%、47.13%和51.12%。

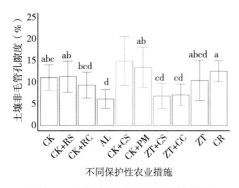

图4-5  不同农业措施下土壤非毛管孔隙度特征

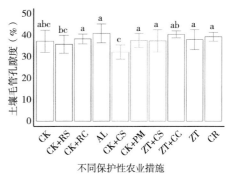

图4-6  不同农业措施下土壤毛管孔隙度特征

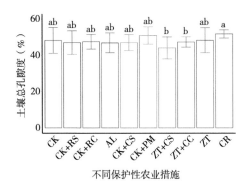

**图4-7 不同农业措施下土壤总孔隙度特征**

## 4.4 保护性农业措施与土壤团聚体组成和稳定性

不同农业措施土壤各粒径团聚体如表4-1所示，其中传统耕作、免耕+秸秆覆盖和免耕+覆盖作物的不同农业措施均以>2 mm和<0.106 mm粒径团聚体含量为主，0.25～0.106 mm粒径团聚体含量最低。传统耕作下土壤>2 mm粒径团聚体含量显著低于免耕+秸秆覆盖和免耕+覆盖作物（$P<0.05$），且分别低45.09%和58.1%。不同农业措施下，土壤1～2 mm、0.5～1 mm、0.106～0.25 mm和<0.106 mm粒径团聚体含量之间均无显著性差异，且免耕+覆盖作物的农业措施下1～2 mm、0.5～1 mm、0.25～0.5 mm和0.106～0.25 mm粒径团聚体较其他农业措施均为最低。免耕+秸秆覆盖和免耕+覆盖作物能够提高土壤中>0.25 mm粒径团聚体含量，不同农业措施下>0.25 mm粒径团聚体含量大小顺序为免耕+秸秆覆盖>免耕+覆盖作物>传统耕作。

免耕+秸秆覆盖、传统耕作+秸秆覆盖和传统耕作+地膜覆盖的不同耕作措施下土壤团聚体粒径主要分布在>2 mm和<0.106 mm，范围分别在25.39%～37.77%和24.85%～32.63%，其中对于>2 mm团聚体，免耕+秸秆覆盖显著高于传统耕作+秸秆覆盖和传统耕作+地膜覆盖（$P<0.05$），且分别高出48.74%和45.55%，而在<0.106 mm团聚体粒径下，不同农业措施之间无显著性差异，不同农业措施大小顺序为免耕+秸秆覆盖>传统耕作+秸秆覆盖>传统耕作+地膜覆盖。对于1～2 mm、0.5～1 mm、0.25～0.5 mm和0.106～0.25 mm粒径团聚体，不同耕作措施之间均无显著性差异。

表4-1 不同农业措施下土壤团聚体粒径分布

| 类型 | 各粒级土壤团聚体含量（%） | | | | | | | |
|------|------|------|------|------|------|------|------|------|
| | >2 mm | 1～2 mm | 0.5～1 mm | 0.25～0.5 mm | 0.106～0.25 mm | <0.106 mm | >0.25 mm |
| AL | 41.29±13.2a | 9.87±5.39abc | 11.56±8.59a | 4.91±2.34a | 3.26±1.76c | 29.11±12.8ab | 67.63±13.48abc |
| CK | 26.03±6.51cd | 12.4±3.21abc | 11.7±4.92a | 8.14±2.07a | 6.12±1.84ac | 35.61±11.75ab | 58.27±11.43abc |
| CK+CS | 25.39±6.19d | 15.65±2.37a | 13.08±1.87a | 8.56±1.85a | 6.61±2.1ac | 30.7±5.64ab | 62.69±7.19abc |
| CK+PM | 25.95±5.43d | 14.87±5.95ab | 12.94±7.29a | 7.59±1.49a | 6.01±1.71ac | 32.63±13.52ab | 61.36±13.62abc |
| CK+RC | 24.07±8.91cd | 12.01±4.51abc | 10.09±2.71a | 7.07±2.71a | 6.83±0.54ab | 39.93±13.15a | 53.24±13.56c |
| CK+RS | 26.43±12.14bcd | 12.86±4.1abc | 12.27±4.55a | 8.7±3.88a | 8.01±2.72a | 31.72±5.18ab | 60.26±7.09bc |
| CR | 33.24±9.13abcd | 11.72±3.38bc | 9.48±3.11a | 8.37±2.8a | 6.44±1.28ac | 30.75±7.62ab | 62.81±7.61abc |
| ZT | 35.2±4.17abc | 14.77±2.14ab | 11.09±1.62a | 7.92±1.48a | 5.44±1.55ac | 25.57±4.54b | 68.98±4.82ab |
| ZT+CC | 41.16±7.64a | 9.76±2.27c | 10.46±6.66a | 4.46±1.46a | 4.24±1.58bc | 29.92±11.12b | 65.84±10.78ab |
| ZT+CS | 37.77±4.69ab | 13.84±4.73abc | 12.38±7.79a | 6.54±1.82a | 4.62±2.14ac | 24.85±8.74b | 70.53±8.25a |

注：同列不同字母表示同一粒径下，不同耕作措施之间存在显著性差异（P<0.05）。

为了更好地研究土壤团聚体特征，并对其进行量化，选取了$R_{>0.25}$（土壤中>0.25 mm粒径团聚体含量）、平均质量直径（MWD）、几何平均直径（GMD）和分形维数（D）作为土壤团聚体稳定性的评价指标。>0.25 mm粒径团聚体含量能够表征土壤结构的稳定性，土壤>0.25 mm粒径团聚体含量越高，表明土壤结构越稳定，土壤团聚体MWD和GMD值越大，表示土壤团聚体稳定性越好，反之，团聚体稳定性越差；分形维数D值越小，土壤几何结构越均匀。

传统耕作、免耕+秸秆覆盖和免耕+覆盖作物的不同耕作措施中，免耕+秸秆覆盖和免耕+覆盖作物较传统耕作方式能够提高土壤>0.25 mm粒径团聚体含量，提高土壤的稳定性，但是不同农业耕作措施之间无显著性差异。

免耕+秸秆覆盖、传统耕作+秸秆覆盖和传统耕作+地膜覆盖之间亦无显著性差异，而传统耕作+秸秆覆盖和传统耕作+地膜覆盖较免耕+秸秆覆盖也会破坏土壤中>0.25 mm粒径团聚体，降低其含量（图4-8）。

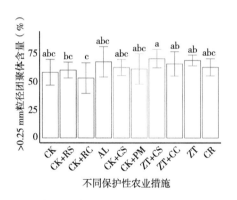

**图4-8 不同农业措施下土壤中>0.25 mm粒径团聚体含量**

如图4-9至图4-11所示，传统耕作、免耕+秸秆覆盖和免耕+覆盖作物的不同农业措施下，免耕+秸秆覆盖和免耕+覆盖作物的平均质量直径值显著高于传统耕作（$P<0.05$），且分别高出37.79%和44.23%。免耕+覆盖作物的几何平均直径值显著高于传统耕作（$P<0.05$），而免耕+秸秆覆盖与免耕+覆盖作物和传统耕作之间均无显著性差异。3种农业措施之间分形维数D值之间均无显著性差异，其D值大小顺序为免耕+秸秆覆盖<免耕+覆盖作物<传统耕作。

免耕+秸秆覆盖、传统耕作+秸秆覆盖和传统耕作+地膜覆盖的不同耕作措施下，免耕+秸秆覆盖的平均质量直径和几何平均直径值均显著高于传统耕作+秸秆覆盖和传统耕作+地膜覆盖（$P<0.05$），且平均质量直径分别高出36.31%和35.11%，几何平均直径分别高出54.87%和49.65%。而免耕+秸秆覆盖、传统耕作+秸秆覆盖和传统耕作+地膜覆盖三者之间的分形维数和>0.25 mm粒径团聚体含量之间均无显著性差异，但从总体规律来看，D值大小顺序为免耕+秸秆覆盖<传统耕作+秸秆覆盖<传统耕作+地膜覆盖，>0.25 mm粒径团聚体含量大小顺序为免耕+秸秆覆盖>传统耕作+秸秆覆盖>传统耕作+地膜覆盖。以上结果均表明了免耕+秸秆覆盖的土壤稳定性更好。

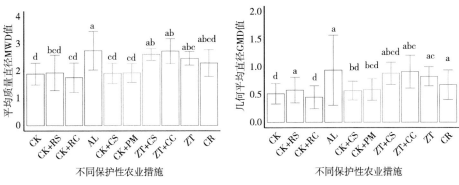

图4-9　不同农业措施下土壤平均质量直径的团聚体特征

图4-10　不同农业措施下土壤几何平均直径的团聚体特征

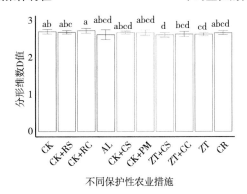

图4-11　不同农业措施下土壤分形维数D值的团聚体特征

## 4.5　保护性农业措施与土壤三相及三相偏离值

土壤三相组成如图4-12至图4-14所示，免耕+秸秆覆盖和免耕+覆盖作物的土壤固相显著高于传统耕作,气相显著低于传统耕作($P<0.05$)。不同农业措施下,免耕+秸秆覆盖的土壤液相最低,较传统耕作和免耕+覆盖作物分别低9.26%和7.89%。

免耕+秸秆覆盖、传统耕作+秸秆覆盖和传统耕作+地膜覆盖的不同耕作措施下,免耕+秸秆覆盖的土壤固相显著高于传统耕作+秸秆覆盖和传统耕作+地膜覆盖($P<0.05$),且分别高出43.2%和38.47%,土壤气相显著低于传统耕作+秸秆覆盖和传统耕作+地膜覆盖($P<0.05$),分别低78.4%和65.41%。而土壤液相和三相偏离值在免耕+秸秆覆盖、传统耕作+秸秆覆盖和传统耕作+地膜覆盖三者之间均无显著性差异,但是大小顺序均为免耕+秸秆覆盖<传统耕作+秸秆覆盖<传统耕作+地膜覆盖。

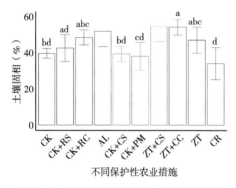

图4-12 不同农业措施下土壤固相特征　　图4-13 不同农业措施下土壤液相特征

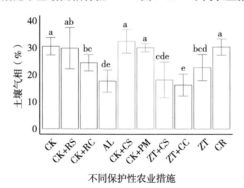

图4-14 不同农业措施下土壤气相特征

由图4-15可知,传统耕作、免耕+秸秆覆盖和免耕+覆盖作物耕作措施下,传统耕作的土壤三相偏离值R最高,距离理想的土壤三相比最远。免耕+秸秆覆盖的土壤R值较其他两种农业措施最低,土壤三相比靠近合理土壤状态。土壤三相比改善作用大小顺序为免耕+秸秆覆盖>免耕+覆盖作物>传统耕作。免耕+秸秆覆盖、传统耕作+秸秆覆盖和传统耕作+地膜覆盖之间无显著性差异，其中传统耕作+地膜覆盖的土壤三相偏离值最高，而免耕+秸秆覆盖的三相偏离值最低，土壤结构更好。

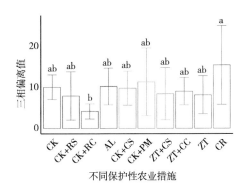

**图4-15　不同农业措施下土壤三相偏离值特征**

## 4.6　土壤物理性质之间的相关性分析

　　土壤液相、分形维数、>0.25 mm粒径团聚体含量、1~2 mm粒径团聚体含量、0.5~1 mm粒径团聚体含量、0.25~0.5 mm粒径团聚体含量、<0.106 mm粒径团聚体含量均与土壤含水量之间存在相关关系，其中，>0.25 mm粒径团聚体含量、0.5~1 mm粒径团聚体含量和0.25~0.5 mm粒径团聚体含量与土壤含水量之间存在极显著正相关关系（$P<0.01$），而0.106~0.25 mm粒径团聚体含量和>2 mm粒径团聚体含量无相关关系，1~2 mm粒径团聚体含量与土壤含水量之间存在显著正相关关系（$P<0.05$），分形维数和<0.106 mm粒径团聚体含量与土壤含水量之间存在极显著负相关关系（$P<0.01$）。土壤容重、饱和持水量、毛管持水量和田间持水量之间均存在极显著相关关系（$P<0.01$），其中，土壤容重与饱和持水量、毛管持水量和田间持水量之间存在极显著负相关关系，毛管持水量和田间持水量与饱和持水量之间存在极显著正相关关系，毛管持水量与田间持水量之间存在极显著正相关关系。非毛管孔隙度、总孔隙度、液相、气相、1~2 mm粒径团聚体含量和0.25~0.5 mm粒径团聚体含量与土壤容重之间均存在极显著负相关关系（$P<0.01$），0.106~0.25 mm

粒径团聚体含量与土壤容重之间存在显著负相关关系（$P<0.05$），固相、平均质量直径和>2 mm粒径团聚体含量与土壤容重之间存在极显著正相关关系（$P<0.01$），几何平均直径与土壤容重之间存在显著正相关关系（$P<0.05$）（图4-16）。

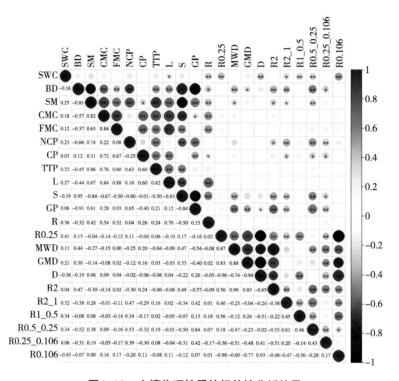

**图4-16　土壤物理性质的相关性分析结果**

注：土壤含水量（SWC）、容重（BD）、饱和持水量（SM）、毛管持水量（CMC）、田间持水量（FMC）、非毛管孔隙度（NCP）、毛管孔隙度（CP）、总孔隙度（TTP）、液相（L）、固相（S）、气相（GP）、土壤三相偏离值（R）、平均质量直径（MWD）、几何平均直径（GMD）、分形维数（D）、>0.25 mm粒径团聚体含量（R0.25）、>2 mm粒径团聚体含量（R2）、1～2 mm粒径团聚体含量（R2_1）、0.5～1 mm粒径团聚体含量（R1_0.5）、0.25～0.5 mm粒径团聚体含量（R0.5_0.25）、0.106～0.25 mm粒径团聚体含量（R0.25_0.106）、≤0.106 mm粒径团聚体含量（R0.106）。

　　毛管持水量、田间持水量、非毛管孔隙度、毛管孔隙度、总孔隙度、液相、气相、三相偏离值、1～2 mm粒径团聚体含量和0.25～0.5 mm粒径团聚体含量与饱和持水量之间均存在正相关关系，其中，毛管持水量、田间持水量、非毛管孔隙度、总孔隙度、液相、气相、三相偏离值和0.25～0.5 mm

粒径团聚体含量与饱和持水量之间极显著相关（$P<0.01$），毛管孔隙度和1～2 mm粒径团聚体含量与饱和持水量之间显著相关（$P<0.05$），其次，固相与饱和持水量之间存在极显著负相关关系（$P<0.01$），平均质量直径和>2 mm粒径团聚体含量与饱和持水量之间存在显著负相关关系（$P<0.05$）。

田间持水量、毛管孔隙度、总孔隙度、液相和气相均与毛管持水量之间存在正相关关系，其中除气相与毛管持水量显著相关（$P<0.05$）以外，其余均与毛管持水量极显著相关（$P<0.01$），其次，固相与毛管持水量之间存在极显著负相关关系（$P<0.01$）。毛管孔隙度、总孔隙度、液相和三相偏离值与田间持水量之间存在极显著正相关关系（$P<0.01$），固相与田间持水量之间存在极显著负相关关系。

气相、1～2 mm粒径团聚体含量、0.25～0.5 mm粒径团聚体含量和0.106～0.25 mm粒径团聚体含量与非毛管孔隙度之间存在极显著正相关关系（$P<0.01$），固相与非毛管孔隙度之间存在极显著负相关关系（$P<0.01$），>2 mm粒径团聚体含量与非毛管孔隙度之间存在显著负相关关系（$P<0.05$）。毛管孔隙度与液相、固相之间均存在显著正相关关系（$P<0.05$），而与气相、1～2 mm粒径团聚体含量、0.25～0.5 mm粒径团聚体含量和0.106～0.25 mm粒径团聚体含量之间存在负相关关系，其中除与气相之间极显著相关外（$P<0.01$），其余均显著相关（$P<0.05$）。总孔隙度与固相之间存在极显著正相关关系（$P<0.01$），与三相偏离值之间存在极显著负相关关系（$P<0.01$）。>0.25 mm粒径团聚体含量与平均质量直径和几何平均直径之间存在极显著正相关关系（$P<0.01$），与分形维数之间存在极显著负相关关系（$P<0.01$）。平均质量直径与分形维数、0.25～0.5 mm粒径团聚体含量、0.106～0.25 mm粒径团聚体含量和<0.106 mm粒径团聚体含量之间存在极显著负相关关系（$P<0.01$），而与几何平均直径和>2 mm粒径团聚体含量之间存在极显著正相关关系（$P<0.01$）。几何平均直径与>2 mm粒径团聚体含量之间存在极显著正相关关系（$P<0.01$），而与分形维数、0.106～0.25 mm粒径团聚体含量和<0.106 mm粒径团聚体含量之间存在极显著负相关关系（$P<0.01$）。分形维数与>2 mm粒径团聚体含量和1～0.5 mm粒径团聚体含量之间存在极显著负相关关系（$P<0.01$），而与0.106～0.25 mm粒径团聚体含量和<0.106 mm粒径团聚体含量之间存在极显著正相关关系（$P<0.01$）。

# 5 保护性农业措施与土壤化学性质

土壤化学性质是进行养分管理的基础，影响着植物生产、养分利用与保护、土壤质量的改善以及环境安全。

## 5.1 保护性农业与土壤pH值

如图5-1所示，不同农业措施下土壤pH值存在显著性差异（$P<0.05$）。其中，传统耕作、免耕+秸秆覆盖和免耕+覆盖作物土壤的pH值分别为8.05、7.99和7.96，且三者之间不存在显著性差异。免耕+秸秆覆盖、传统耕作+秸秆覆盖和传统耕作+地膜覆盖的不同耕作措施下，传统耕作+秸秆覆盖的土壤pH值显著高于免耕+秸秆覆盖（$P<0.05$），保护性农业措施能够降低土壤pH值大小，改善土壤酸碱度。

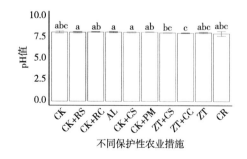

图5-1　不同农业措施下土壤pH值

## 5.2 保护性农业与土壤有机碳和全量养分

图5-2至图5-5结果显示，与传统耕作相比，免耕+秸秆覆盖和免耕+覆盖作物能够提高土壤有机碳、全氮、全磷和全钾含量，提高土壤养分含量。其中免耕+秸秆覆盖有机碳和全磷含量最高，免耕+覆盖作物全氮和全钾含量最高。免耕+秸秆覆盖和免耕+覆盖作物土壤中有机碳含量显著高于传统耕作（$P<0.05$），且分别高出35.59%和46.76%，其他化学性质在三种不同农业措施之间均无显著性差异。

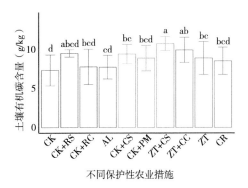

图5-2　不同农业措施下土壤有机碳含量

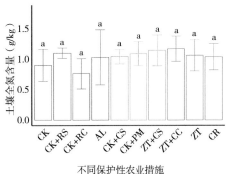

图5-3　不同农业措施下土壤全氮含量

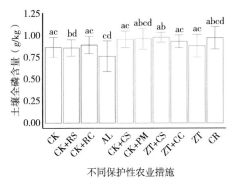

图5-4　不同农业措施下土壤全磷含量

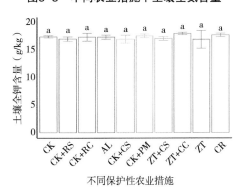

图5-5　不同农业措施下土壤全钾含量

免耕+秸秆覆盖、传统耕作+秸秆覆盖和传统耕作+地膜覆盖的不同耕作措施之间的土壤有机碳、全氮、全磷和全钾含量均无显著性差异。免耕+秸秆覆盖的土壤有机碳、全氮、全磷含量均为最高，其中有机碳含量较传统耕作+秸秆覆盖和传统耕作+地膜覆盖高出1.32 g/kg和1.85 g/kg，全氮含量较传统耕作+秸秆覆盖和传统耕作+地膜覆盖高出0.05 g/kg和0.1 g/kg，全磷含量较传统耕作+秸秆覆盖和传统耕作+地膜覆盖高出0.01 g/kg和0.02 g/kg。传统耕作+地膜覆盖的农业措施土壤中全钾含量最高，且较传统耕作+秸秆覆盖和免耕+秸秆覆盖高出0.6 g/kg和0.49 g/kg。

## 5.3    保护性农业与土壤速效养分

如图5-6至图5-9所示，传统耕作、免耕+秸秆覆盖和免耕+覆盖作物之间比较发现，保护性农业措施增加了土壤硝态氮、速效磷和速效钾含量，降低了土壤铵态氮含量。其中三种不同农业措施下硝态氮含量大小顺序为免耕+覆盖作物>免耕+秸秆覆盖>传统耕作，且三者之间均存在显著性差异（$P<0.05$）；传统耕作的铵态氮含量高于免耕+秸秆覆盖和免耕+覆盖作物，分别高出34.47%和38.46%；免耕+秸秆覆盖的速效磷和速效钾含量最高，其次是免耕+覆盖作物和传统耕作，免耕+秸秆覆盖的速效钾含量较传统耕作和免耕+覆盖作物分别高出32.39%和28.77%，且免耕+秸秆覆盖与传统耕作和免耕+覆盖作物之间均无显著性差异。

免耕+秸秆覆盖、传统耕作+秸秆覆盖和传统耕作+地膜覆盖的不同耕作措施之间土壤硝铵态氮、速效磷和速效钾含量均无显著性差异。土壤硝态氮含量在传统耕作+秸秆覆盖中最高，为20.67 mg/kg，其次是传统耕作+地膜覆盖和免耕+秸秆覆盖，而铵态氮含量在传统耕作+秸秆覆盖中最低，为3.79 mg/kg。土壤速效磷含量和速效钾含量在免耕+秸秆覆盖、传统耕作+秸秆覆盖和传统耕作+地膜覆盖中的大小顺序均为免耕+秸秆覆盖>传统耕作+秸秆覆盖>传统耕作+地膜覆盖。

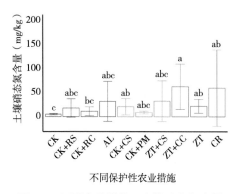

图5-6　不同农业措施下土壤硝态氮含量

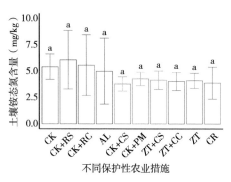

图5-7　不同农业措施下土壤铵态氮含量

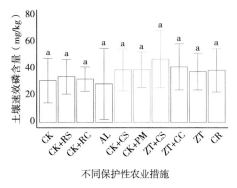

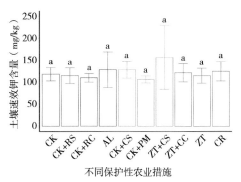

图5-8 不同农业措施下土壤速效磷含量　　图5-9 不同农业措施下土壤速效钾含量

## 5.4 土壤化学性质与土壤物理性质间的相关性分析

土壤有机碳和全氮与土壤含水量、>0.25 mm粒径团聚体、几何平均直径GMD、1 ~ 2 mm粒径团聚体、0.5 ~ 1 mm粒径团聚体和0.25 ~ 0.5 mm粒径团聚体之间存在显著或极显著正相关关系（$P<0.05$或$P<0.01$），而与土壤分形维数D值和<0.106粒径团聚体之间存在极显著负相关关系（$P<0.01$）；全磷与土壤含水量、非毛管孔隙度、>0.25 mm粒径团聚体、1 ~ 2 mm粒径团聚体、0.25 ~ 0.5 mm粒径团聚体之间存在显著或极显著正相关关系（$P<0.05$或$P<0.01$）；铵态氮与土壤含水量毛管持水量、田间持水量、毛管孔隙度、>0.25 mm粒径团聚体和几何平均直径GMD之间存在显著或极显著正相关关系（$P<0.05$或$P<0.01$），与分形维数D值之间存在极显著负相关关系（$P<0.01$）；有效磷与土壤含水量、>0.25 mm粒径团聚体、0.5 ~ 1 mm粒径团聚体和0.25 ~ 0.5 mm粒径团聚体之间存在显著或极显著正相关关系（$P<0.05$或$P<0.01$），与土壤分形维数D值之间存在显著的负相关关系（$P<0.05$）；速效钾与土壤饱和持水量之间存在显著的负相关关系（$P<0.05$），与土壤固相之间存在显著的正相关关系（$P<0.05$）（图5-10）。

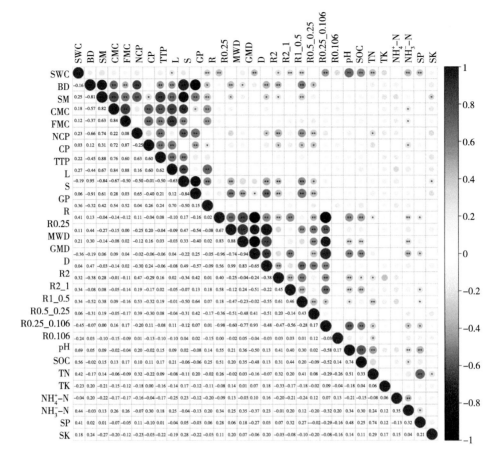

**图5-10 土壤化学性质与土壤物理性质的相关性分析结果**

注：土壤含水量（SWC）、容重（BD）、饱和持水量（SM）、毛管持水量（CMC）、田间持水量（FMC）、非毛管孔隙度（NCP）、毛管孔隙度（CP）、总孔隙度（TTP）、液相（L）、固相（S）、气相（GP）、土壤三相偏离值（R）、平均质量直径（MWD）、几何平均直径（GMD）、分形维数（D）、>0.25 mm粒径团聚体含量（R0.25）、>2 mm粒径团聚体含量（R2）、1~2 mm粒径团聚体含量（R2_1）、0.5~1 mm粒径团聚体含量（R1_0.5）、0.25~0.5 mm粒径团聚体含量（R0.5_0.25）、0.106~0.25 mm粒径团聚体含量（R0.25_0.106）、≤0.106 mm粒径团聚体含量（R0.106）、土壤有机碳（SOC）、全量氮（TN）、全量钾（TK）、速效磷（SP）、速效钾（SK）。

# 6 保护性农业措施与土壤酶活性

土壤酶主要来源于土壤中植物、动物和微生物，是一种具有生物催化能力的蛋白质类化合物的总称。

## 6.1 保护性农业与土壤葡萄糖苷酶活性

除轮作以外，不同农业措施下葡萄糖苷酶活性均显著高于传统耕作。通过对传统耕作、免耕+秸秆覆盖和免耕+覆盖作物保护性农业措施之间比较发现，免耕+秸秆覆盖和免耕+覆盖作物土壤的葡萄糖苷酶活性显著高于传统耕作（$P<0.05$），且分别高出309.19%和318.11%。

免耕+秸秆覆盖、传统耕作+秸秆覆盖和传统耕作+地膜覆盖的不同耕作措施中，葡萄糖苷酶活性大小分别为1.96 mg/（g·d）、0.98 mg/（g·d）和0.72 mg/（g·d），其中免耕+秸秆覆盖土壤中葡萄糖苷酶活性显著高于传统耕作+秸秆覆盖和传统耕作+地膜覆盖土壤，显著高出99.37%和171.83%（图6-1）。

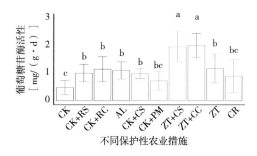

图6-1 不同农业措施下土壤葡萄糖苷酶活性含量

## 6.2 保护性农业与土壤蛋白酶活性

不同农业措施土壤中蛋白酶活性之间不存在显著性差异。传统耕作、免耕+秸秆覆盖和免耕+覆盖作物保护性农业措施之间，免耕+秸秆覆盖土壤中蛋白酶活性最高，蛋白酶活性为0.08 mg/（g·d），其次是传统耕作，蛋白酶活性为0.072 mg/（g·d），免耕+覆盖作物土壤蛋白酶活性大小为0.069 mg/（g·d）。

免耕+秸秆覆盖、传统耕作+秸秆覆盖和传统耕作+地膜覆盖的不同耕作措施中，免耕+秸秆覆盖土壤中蛋白酶活性最高，其次是传统耕作+地膜覆盖和传统耕作+秸秆覆盖，免耕+秸秆覆盖较传统耕作+地膜覆盖和传统耕作+秸秆覆盖分别高出18.63%和1.95%（图6-2）。

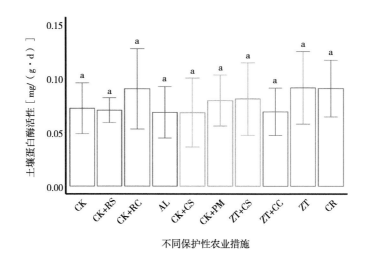

图6-2 不同农业措施下土壤蛋白酶活性含量

## 6.3 保护性农业与土壤蔗糖酶活性

不同农业措施土壤中蔗糖酶活性之间不存在显著性差异。传统耕作、免耕+秸秆覆盖和免耕+覆盖作物保护性农业措施之间，免耕+覆盖作物土壤中蔗糖酶活性最高，其次是免耕+秸秆覆盖，传统耕作土壤中蔗糖酶活性最低，表明保护性耕作措施能够提高土壤中蔗糖酶活性。

免耕+秸秆覆盖、传统耕作+秸秆覆盖和传统耕作+地膜覆盖农业措施土壤中，免耕+秸秆覆盖土壤中蔗糖酶活性最高，为13.66 mg/（g·d），传统耕作+秸秆覆盖土壤蔗糖酶活性为11.05 mg/（g·d），传统耕作+地膜覆盖土壤蔗糖酶活性为10.82 mg/（g·d）（图6-3）。

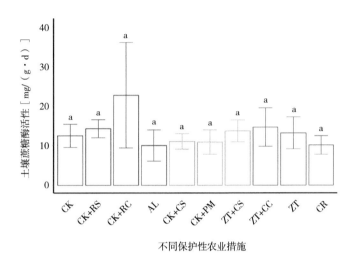

**图6-3  不同农业措施下土壤蔗糖酶活性含量**

## 6.4  保护性农业与土壤过氧化氢酶活性

不同农业措施土壤中过氧化氢酶活性之间不存在显著性差异，且不同农业措施土壤中过氧化氢酶活性范围在7.62 ~ 8.47 mg/（g·d），差异较小。传统耕作+地膜覆盖土壤中过氧化氢酶活性最小。

传统耕作、免耕+秸秆覆盖和免耕+覆盖作物保护性农业措施之间，免耕+秸秆覆盖和免耕+覆盖作物土壤中过氧化氢酶活性均高于传统耕作，其值大小分别为8.47 mg/（g·d）、8.47 mg/（g·d）和7.9 mg/（g·d），表明保护性农业措施能够提高土壤中过氧化氢酶活性大小，有利于土壤中有机质的分解。

免耕+秸秆覆盖、传统耕作+秸秆覆盖和传统耕作+地膜覆盖农业措施土壤中，免耕+秸秆覆盖土壤中过氧化氢酶活性最高，其次是传统耕作+秸秆覆盖和传统耕作+地膜覆盖（图6-4）。

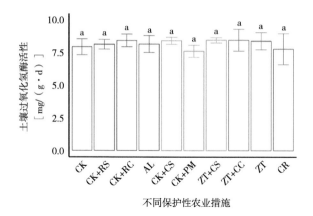

图6-4　不同农业措施下土壤过氧化氢酶活性含量

## 6.5　保护性农业与土壤乙酰氨基葡萄糖苷酶活性

传统耕作、免耕+秸秆覆盖和免耕+覆盖作物耕作措施中，免耕+覆盖作物土壤的乙酰氨基葡萄糖苷酶活性显著高于免耕+秸秆覆盖和传统耕作土壤（$P<0.05$），且分别高出3.99倍和6.23倍。

免耕+秸秆覆盖、传统耕作+秸秆覆盖和传统耕作+地膜覆盖的不同耕作措施，乙酰氨基葡萄糖苷酶活性大小分别为82.35 nmol/（g·h）、63.35 nmol/（g·h）和45.15 nmol/（g·h），其中免耕+秸秆覆盖的乙酰氨基葡萄糖苷酶活性显著高于传统耕作+地膜覆盖（$P<0.05$），高出83.38%。而传统耕作+秸秆覆盖与免耕+秸秆覆盖和传统耕作+地膜覆盖之间无显著性差异（图6-5）。

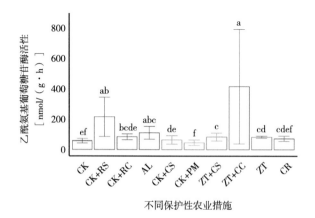

图6-5　不同农业措施下土壤乙酰氨基葡萄糖苷酶活性含量

## 6.6　保护性农业与土壤脲酶活性

不同农业措施土壤中脲酶活性之间不存在显著性差异，脲酶活性范围在1.34~2.0 mg/（g·d），撂荒地土壤中脲酶活性最低。

传统耕作、免耕+秸秆覆盖和免耕+覆盖作物耕作措施土壤中，免耕+秸秆覆盖和免耕+覆盖作物耕作措施土壤脲酶活性均高于传统耕作，其值大小分别为2.06 mg/（g·d）、2.02 mg/（g·d）和1.74 mg/（g·d）。免耕+秸秆覆盖、传统耕作+秸秆覆盖和传统耕作+地膜覆盖的不同耕作措施中，传统耕作+秸秆覆盖土壤中脲酶活性最高，为2.08 mg/（g·d），其次是免耕+秸秆覆盖和传统耕作+地膜覆盖（图6-6）。

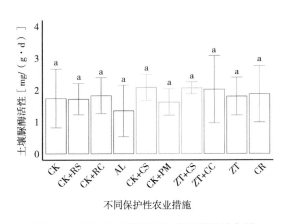

图6-6　不同农业措施下土壤脲酶活性含量

## 6.7　保护性农业与土壤碱性磷酸酶活性

传统耕作、免耕+秸秆覆盖和免耕+覆盖作物耕作三种农业措施下，土壤的碱性磷酸酶活性大小顺序为免耕+覆盖作物>免耕+秸秆覆盖>传统耕作。免耕+秸秆覆盖、传统耕作+秸秆覆盖和传统耕作+地膜覆盖的不同耕作措施土壤中，碱性磷酸酶活性大小顺序为免耕+秸秆覆盖<传统耕作+秸秆覆盖<传统耕作+地膜覆盖，碱性磷酸酶酶活性分别为0.46 mg/（g·d）、0.35 mg/（g·d）和0.32 mg/（g·d），免耕+秸秆覆盖的碱性磷酸酶活性显著高于传统耕作+地膜覆盖（$P<0.05$），且高出44.05%。而传统耕作+秸秆覆盖与免耕+秸秆覆盖和传统耕作+地膜覆盖之间无显著性差异（图6-7）。

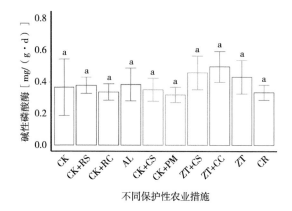

图6-7　不同农业措施下土壤碱性磷酸酶活性含量

## 6.8　土壤酶活性与土壤养分性质之间的相关性分析

由相关性分析结果可知，土壤pH值与全磷存在显著负相关关系（$P<0.05$）；全氮、全磷、硝态氮、速效磷、葡萄糖苷酶、碱性磷酸酶、过氧化氢酶和脲酶活性均与土壤有机碳之间存在正相关关系，其中，全氮、全磷、硝态氮、速效磷、葡萄糖苷酶、过氧化氢酶和脲酶活性与土壤有机碳之间极显著正相关（$P<0.01$），碱性磷酸酶与土壤有机碳之间显著相关（$P<0.05$）；

全氮与硝态氮、葡萄糖苷酶、碱性磷酸酶和蛋白酶之间均存在显著正相关关系（$P<0.05$），与过氧化氢酶和脲酶活性之间极显著正相关（$P<0.01$）；全磷与脲酶活性、速效磷之间存在极显著正相关关系（$P<0.01$），与速效钾、葡萄糖苷酶和碱性磷酸酶之间存在显著正相关关系（$P<0.05$）；全钾与过氧化氢酶活性之间存在显著的负相关关系（$P<0.05$）；铵态氮与硝态氮之间存在极显著负相关关系（$P<0.01$）；硝态氮与速效磷和乙酰氨基葡萄糖苷酶活性之间存在显著正相关关系（$P<0.05$），与过氧化氢酶和脲酶之间存在极显著正相关关系（$P<0.01$）；速效磷与葡萄糖苷酶、碱性磷酸酶、过氧化氢酶和脲酶之间存在显著或极显著正相关关系（$P<0.05$或$P<0.01$）。

葡萄糖苷酶与碱性磷酸酶、乙酰氨基葡萄糖苷酶、过氧化氢酶和脲酶之间存在显著或极显著正相关关系（$P<0.05$或$P<0.01$）；碱性磷酸酶与乙酰氨基葡萄糖苷酶、蛋白酶、过氧化氢酶和脲酶之间存在显著或极显著正相关

关系（$P<0.05$ 或 $P<0.01$）；蛋白酶与脲酶和蔗糖酶之间存在极显著正相关关系（$P<0.01$）；过氧化氢酶与脲酶之间存在极显著正相关关系（$P<0.01$）（图6-8）。

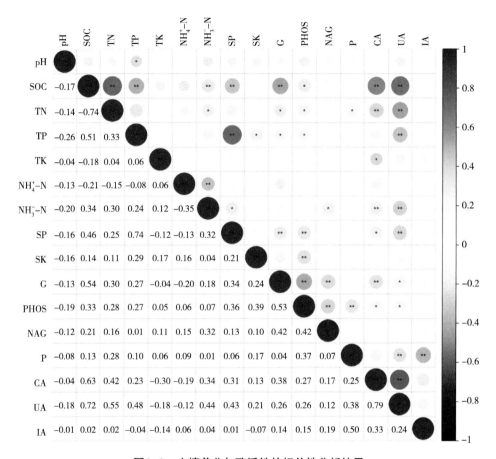

**图6-8　土壤养分与酶活性的相关性分析结果**

注：G，土壤葡萄糖苷酶活性；PHOS，土壤碱性磷酸酶活性；NAG，土壤乙酰氨基葡萄糖苷酶活性；P，土壤蛋白酶；CA，土壤过氧化氢酶；UA，土壤脲酶；IA，土壤蔗糖酶。

# 7 保护性农业与土壤微生物群落结构

土壤微生物是土壤中微小生物的总称，主要包括细菌、古菌、真菌、病毒、原生动物和显微藻类等，是土壤生命的核心。

## 7.1 保护性农业与细菌和真菌群落组成

不同农业措施下土壤细菌主要由酸杆菌门（Acidobacteria，32.99%）、变形菌门（Proteobacteria，28.38%）、拟杆菌门（Bacteroidetes，11.87%）、芽单胞菌门（Gemmatimonadetes，6.24%）、浮霉菌门（Planctomycetes，6.72%）、放线菌门（Actinobacteria，3.27%）、厚壁菌门（Firmicutes，0.82%）、蓝藻菌门（Cyanobacteria，0.81%）、绿弯菌门（Chloroflexi，1.55%）、厚壁菌门（Firmicutes，0.61%）和疣微菌门（Verrucomicrobia，1.11%）组成（图7-1），占细菌总OTUs的93.77%。

土壤前十的优势细菌菌门中，酸杆菌门、变形菌门和芽单胞菌门的相对丰度在不同农业措施之间均无显著性差异，AL土壤中的放线菌门相对丰度显著高于ZT+CS（$P<0.05$），其他农业措施下土壤中放线菌门与AL和ZT+CS之间均无显著性差异；ZT+CC土壤中的绿弯菌门相对丰度显著高于CK+CS、CK+PM、CK+RS、CR和ZT（$P<0.05$），其他农业措施下与这6种农业措施之间均无显著性差异；AL土壤中的拟杆菌门相对丰度显著高于CK+CS、CK+PM、CR和ZT（$P<0.05$），其他农业措施下与这5种农业措施之间均无显

著性差异；CK+RS、CK+RC、ZT和ZT+CS土壤中的浮霉菌门相对丰度显著高于CK+PM（$P<0.05$），其他农业措施下与这5种农业措施之间均无显著性差异；ZT+CS土壤中厚壁菌门的相对丰度显著高于CK、CK+CS、CK+PM、CK+RC、CK+RS、ZT和ZT+CC（$P<0.05$），而AL和CR与其他农业措施之间均无显著性差异；ZT+CS土壤中疣微菌门的相对丰度显著低于CK、CK+CS、CK+PM、CK+RC、CK+RS、CR、ZT+CC和ZT，AL与其他农业措施下土壤的疣微菌门的相对丰度之间均无显著性差异；CK+CS土壤中蓝藻菌门的相对丰度与CK、CK+RS和ZT之间无显著性差异，而显著高于其他农业措施（$P<0.05$），ZT+CS显著低于其他农业措施（$P<0.05$）。

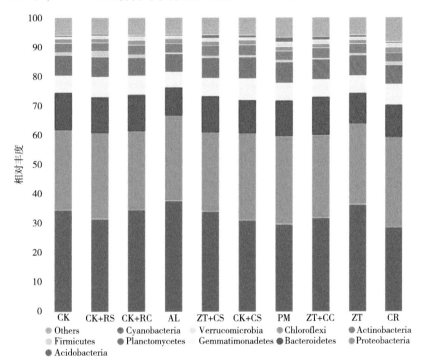

**图7-1　不同农业措施下土壤细菌门水平群落组成**

不同农业措施下土壤真菌主要由子囊菌门（Ascomycota，44.22%）、未分类的真菌门（unclassified_Fungi，41.33%）、担子菌门（Basidiomycota，3.95%）、被孢霉门（Mortierellomycota，4.30%）、壶菌门（Chytridiomycota，2.10%）、毛霉门（Mucoromycota，1.42%）、球囊菌门（Glomeromycota，0.52%）、Fungi_phy_Incertae_sedis（0.2%）、油壶菌门（Rozellomycota，0.04%）、Aphelidiomycota（0.09%）组成（图7-2），占真菌OTUs的99.71%。

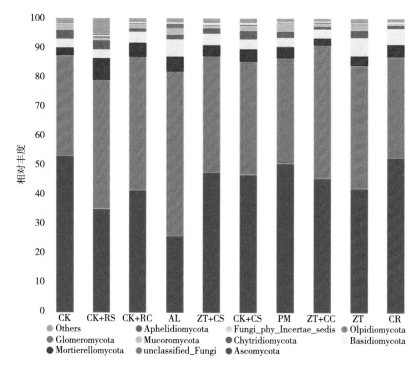

图例：
- ● Others
- ● Glomeromycota
- ● Mortierellomycota
- ● Aphelidiomycota
- ● Mucoromycota
- ● unclassified_Fungi
- Fungi_phy_Incertae_sedis
- ● Chytridiomycota
- ● Ascomycota
- ● Olpidiomycota
- Basidiomycota

图7-2　不同农业措施下土壤真菌门水平群落组成

土壤前十的优势真菌菌门中，毛霉门、壶菌门和担子菌门的相对丰度在不同农业措施之间均无显著性差异。而CK、CK+CS、CR、ZT+CC、ZT+CS和CK+PM土壤中子囊菌门的相对丰度显著高于AL（$P<0.05$），而其他农业措施下与这7种农业措施之间均无显著性差异；AL土壤中未分类的真菌门的相对丰度显著高于CK、CK+CS、CR、ZT+CS和CK+PM（$P<0.05$），而其他农业措施下与这6种农业措施之间均无显著性差异；CK+RS土壤中被孢霉门的相对丰度显著高于CK、ZT和ZT+CC（$P<0.05$），而其他农业措施下与这4种农业措施之间均无显著性差异；AL土壤中球囊菌门的相对丰度显著高于其他农业措施（$P<0.05$）；ZT+CS土壤中Fungi_phy_Incertae_sedis的相对丰度显著高于CK、CK+RC、CR、AL和ZT（$P<0.05$），ZT+CC土壤中Fungi_phy_Incertae_sedis的相对丰度显著高于CR（$P<0.05$），而CK+CS、CK+RS和CK+PM 3种农业措施之间无显著性差异；AL和ZT+CS土壤中罗兹菌门的相对丰度显著高于CK+RS、CR、ZT和CK+PM（$P<0.05$），而其他农业措施下与这6种农业措施之间均无显著性差异；CK+RS土壤中Aphelidiomycota的相对

丰度显著高于其他农业措施（P<0.05）。

　　不同农业措施下土壤细菌前十菌目由未分类酸杆菌目（unidentified_Acidobacteria，12.67%）、未分类的γ-变形菌目（unidentified_Gammaproteobacteria，12.62%）、鞘氨醇杆菌目（Chitinophagales，10.09%）、芽单胞菌目（Gemmatimonadales，4.53%）、Tepidisphaerales（3.19%）、根瘤菌目（Rhizobiales，3.34%）、黏球菌目（Myxococcales，2.97%）、鞘脂单胞菌目（Sphingomonadales，1.95%）、黄色单胞菌目（Xanthomonadales，3.21%）和芽孢杆菌目（Bacillales，0.70%）组成（图7-3），占所有细菌目的56.41%。

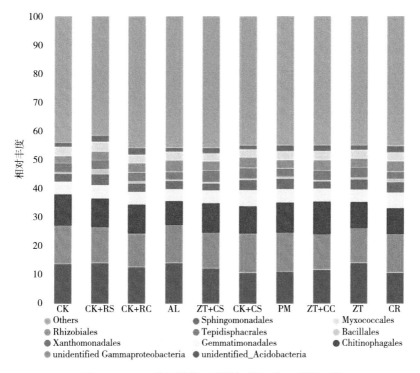

**图7-3　不同农业措施下土壤细菌目水平群落组成**

　　未分类酸杆菌目、黏球菌目、未分类浮霉菌目、芽单胞菌目和鞘脂单胞菌目的相对丰度在不同农业措施之间无显著性差异。AL、CK、CK+PM、CK+RS、ZT+CC和ZT+CS土壤中未分类的γ-变形菌的相对丰度显著高于ZT和CK+RC（P<0.05）；ZT土壤中鞘氨醇杆菌目的相对丰度显著高于ZT+CC（P<0.05），其他农业措施与这两种农业措施之间均无显著性差异；AL和CR土壤中的根瘤菌目的相对丰度显著高于CK、CK+PM和ZT（P<0.05），

其他农业措施与这5种农业措施之间均无显著性差异；CK+RS和CR土壤中的黄色单胞菌目的相对丰度显著高于CK、ZT+CC和ZT+CS（$P<0.05$），其他农业措施与这5种农业措施之间均无显著性差异；CK+CS和ZT+CS土壤中的Tepidisphaerales目的相对丰度显著高于CR（$P<0.05$），其他农业措施与这3种农业措施之间均无显著性差异。

不同农业措施下土壤真菌前十菌目由未分类真菌目（unclassified_Fungi，41.4%）、肉座菌目（Hypocreales，16.68%）、粪壳菌目（Sordariales，11.39%）、隔孢菌目（Pleosporales，5.18%）、被孢霉目（Mortierellales，4.27%）、寡囊盘菌目（Thelebolales，2.63%）、盘菌目（Pezizales，2.21%）、伞菌目（Agaricales，1.79%）、毛霉目（Mucorales，1.41%）和未分类的盘菌目（unclassified_Ascomycota，0.47%）组成（图7-4）。

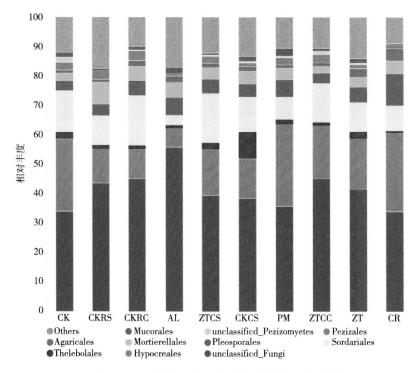

**图7-4　不同农业措施下土壤真菌目水平群落组成**

土壤前十的优势真菌菌目中，寡囊盘菌目、盘菌目、伞菌目、毛霉目和未分类的子囊菌目的相对丰度在不同农业措施之间均无显著性差异。AL土壤中未分类真菌目的相对丰度显著高于CK、CK+CS、CR、ZT+CS和CK+PM

（$P<0.05$），其他农业措施与这6种农业措施之间均无显著性差异；CK+PM土壤中肉座菌目的相对丰度显著高于CK+RC和AL（$P<0.05$），CK和CR土壤中肉座菌目的相对丰度显著高于AL（$P<0.05$）；CK+RC和ZT+CS土壤中粪壳菌目的相对丰度显著高于AL（$P<0.05$），其他农业措施与这3种农业措施之间均无显著性差异；CR土壤中隔孢菌目的相对丰度显著高于除AL和CK+PM以外的其他农业措施（$P<0.05$）；CK+RS土壤中被孢霉目的相对丰度显著高于CK和ZT+CC（$P<0.05$）；其他农业措施与这3种农业措施之间均无显著性差异。

## 7.2　保护性农业与细菌和真菌多样性

微生物群落多样性指数的计算能够反映微生物群落的菌群丰度特征，包括ACE指数（Abundance Coverage-based Estimator）、Chao1指数、Goods_coverage指数、Observed_species指数、Shannon指数（Shannon's diversity index）和Simpson指数（Simpson's index）等，用于计算菌群丰度（Community richness）。其中ACE指数是用来估计群落中OTU数目的指数，不仅考虑到了物种的丰度，同时也考虑到了物种在样品中出现的概率，因此是一个比较好的反应群落总体情况的指数；Chao1指数用于估计群落样品中包含的物种总数，能很好地反映群落中低丰度物种的存在情况；Goods_coverage指数能较为真实地反映样品的测序深度；Observed_species指数统计直观观测到的物种数目（也即是OTUs数目）；Shannon指数也叫香农-维纳（Shannon-Wiener）或香农-韦弗（Shannon-Weaver）指数，群落多样性越高，物种分布越均匀，Shannon指数越大；Simpson指数通过计算随机取样的两个个体属于不同种的概率，来表征群落内物种分布的多样性和均匀度。

传统耕作、免耕+秸秆覆盖和免耕+覆盖作物的不同耕作措施中，除Goods_coverage表示测序深度的指数以外，其他多样性指数结果均显示，免耕+覆盖作物和免耕+秸秆覆盖多样性大小均高于传统耕作，其中免耕+覆盖作物和免耕+秸秆覆盖的Chao1指数均显著高于传统耕作（$P<0.05$），Observed_species指数显示，免耕+覆盖作物显著高于传统耕作（$P<0.05$）。并且从土壤细菌群落的均匀程度来看，Shannon指数表明，免耕+覆盖作物>免耕+秸秆覆盖>传统耕作（图7-5）。

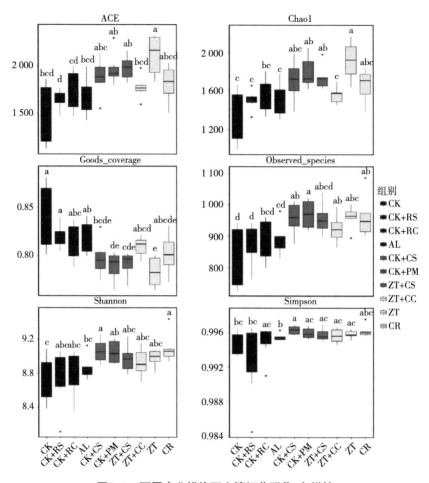

**图7-5　不同农业措施下土壤细菌群落α多样性**

传统耕作、免耕+秸秆覆盖和免耕+覆盖作物的不同耕作措施中，真菌α多样性与细菌α多样性结果类似。传统耕作措施下土壤真菌的Goods_coverage指数显著高于免耕+覆盖作物和免耕+秸秆覆盖（$P<0.05$），而除Goods_coverage所表示测序深度指数以外，其他多样性指数结果显示，免耕+覆盖作物和免耕+秸秆覆盖多样性大小均高于传统耕作，其中免耕+覆盖作物和免耕+秸秆覆盖的ACE指数和Chao1指数均显著高于传统耕作（$P<0.05$），Observed_species指数显示，免耕+覆盖作物显著高于传统耕作（$P<0.05$）。但真菌shannon指数表明，土壤真菌群落均匀程度大小顺序为免耕+秸秆覆盖>免耕+覆盖作物>传统耕作，Simpson指标大小顺序为免耕+覆盖作物>免耕+秸秆覆盖>传统耕作（图7-6）。

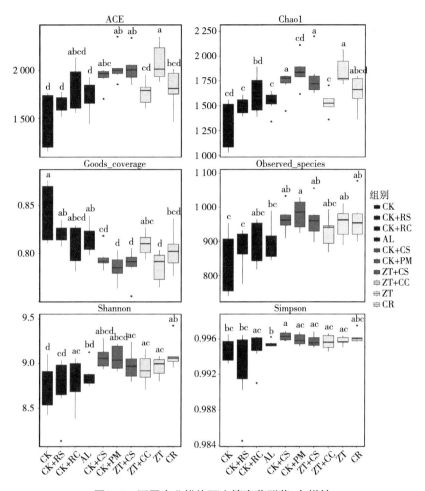

图7-6　不同农业措施下土壤真菌群落α多样性

## 7.3　保护性农业与细菌和真菌群落结构特征

土壤微生物的β多样性是指土壤微生物在不同农业措施下微生物组成的相异性，本研究利用bray-Curtis距离的主坐标分析（使用OTU水平），从原始数据中获得样本间的差异特征。并通过置换多元方差分析（PERMANOVA）的统计检验得到不同农业措施对细菌群落差异的解释度，并使用置换检验进行显著性统计。

细菌群落的主坐标分析（PCoA）结果表明，第一排序轴和第二排序轴对细菌群落的差异贡献值分别为21.32%和11.14%，总变异度为32.46%

（图7-7）。置换多元方差分析结果表明，除传统耕作和传统耕作+秸秆还田和传统耕作+绿肥还田以及传统耕作和传统耕作+绿肥还田之间无显著性差异以外，其他农业措施之间土壤细菌群落结构均存在显著或极显著差异（$P<0.05$ 或 $P<0.01$）。

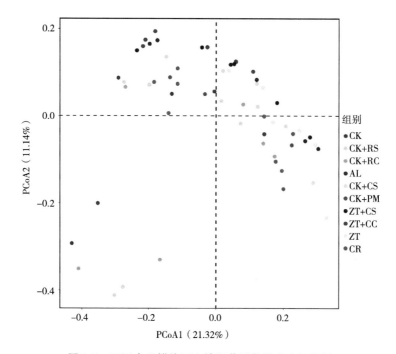

**图7-7 不同农业措施下土壤细菌群落的主坐标分析**

通过对传统耕作、免耕+秸秆覆盖和免耕+覆盖作物措施的两两比较发现，三者之间均存在显著差异（$P<0.05$ 或 $P<0.01$），其中传统耕作与免耕+秸秆覆盖和免耕+覆盖作物细菌群落结构均存在极显著差异（$P<0.01$），免耕+秸秆覆盖与免耕+覆盖作物细菌群落结构之间差异显著（$P<0.05$）。

真菌群落的主坐标分析（PCoA）结果表明（图7-8），第一排序轴和第二排序轴对细菌群落的差异贡献值分别为32.63%和10%，前两轴总变异度为42.63%，较细菌群落能够解释的变异程度更高。置换多元方差分析结果表明，不同农业措施下土壤细菌群落结构组成显著不同，解释率为30.7%（$R^2=0.307$，$P<0.01$），且通过对传统耕作、免耕+秸秆覆盖和免耕+覆盖作物措施的两两比较发现，传统耕作与免耕+秸秆覆盖和免耕+覆盖作物细菌群落结构均存在显著差异（$P<0.05$），而免耕+秸秆覆盖与免耕+覆盖作物细菌

群落结构之间差异不显著（$P$=0.084）。此外，传统耕作+秸秆还田和免耕的
农业措施之间也存在显著差异（$P<0.05$）。

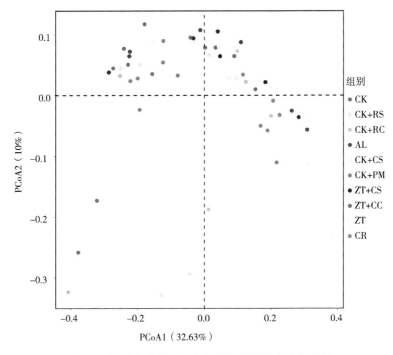

**图7-8 不同农业措施下土壤真菌群落的主坐标分析**

# 8 土壤微生物与土壤环境

## 8.1 土壤理化性质和酶活性与土壤细菌

通过冗余分析（RDA分析）探究不同农业措施下土壤环境因子与微生物群落之间的关系。将土壤环境因子分为土壤物理性质、团聚体含量和稳定性以及化学性质和酶活性，使用R语言，通过基于bray-Curtis距离进行RDA分析，以确定土壤特征中哪些环境因子是驱动微生物群落结构变化的主要影响因子。

图8-1显示，在不同农业措施的土壤中，土壤物理性质（土壤含水量、土壤容重、总孔隙度、毛管孔隙度、非毛管孔隙度、饱和持水量、毛管持水量、田间持水量、土壤固相、液相、气相和三相偏离值）对细菌群落结构的前两轴分别解释了1.6%和1.22%，总解释度为2.82%。

通过层次分割区分不同物理性质的环境变量对不同农业措施土壤细菌群落结构变化的贡献（图8-2），并通过999次置换检验获取显著性$P$值。研究结果表明，土壤物理性质中土壤含水量是影响细菌群落结构的最主要影响因子，解释率为3.25%。其次是土壤田间持水量（解释率为0.61%）、非毛管孔隙度（解释率为0.54%）、土壤容重（解释率为0.4%）、毛管孔隙度（解释率为0.4%）、土壤饱和含水量（解释率为0.34%）、总孔隙度（解释率为0.26%）、毛管持水量（解释率为0.17%）和土壤气相（解释率为0.11%）。999次置换检验结果表明，土壤含水量对不同农业措施土壤细菌群落结构存在显著影响（*P*<0.05），而其他土壤物理环境因子对细菌群落结构均无显著性影响。

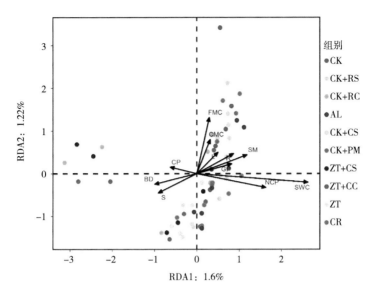

**图8-1　不同农业措施下土壤细菌群落与土壤物理性质的冗余分析**

注：土壤含水量（SWC），土壤容重（BD），总孔隙度（TTP），毛管孔隙度（CP），非毛管孔隙度（NCP），饱和持水量（SM），毛管持水量（CMC），田间持水量（FMC），土壤固相（S），液相（L），气相（GP）和R（三相偏离值），下同。

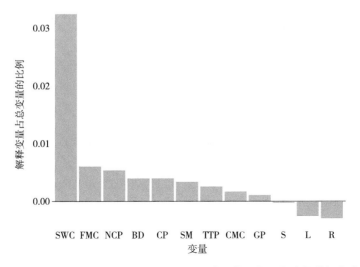

**图8-2　土壤物理因子对不同农业措施土壤细菌群落结构变化的解释率**

由图8-3可知，在不同农业措施土壤中，土壤团聚体质量和稳定性（>2 mm、1~2 mm、0.5~1 mm、0.25~0.5 mm、0.106~0.25 mm和<0.106 mm团聚体含量以及>0.25 mm粒径团聚体含量、平均质量直径、几何平均直径和分形维数）对细菌群落结构的前两轴分别解释了0.76%和0.28%，总解释度为1.04%。

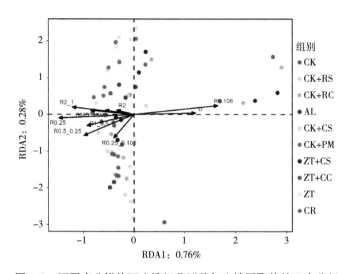

**图8-3　不同农业措施下土壤细菌群落与土壤团聚体的冗余分析**

注：平均质量直径（MWD）、几何平均直径（GMD）、分形维数（D）、>0.25 mm粒径团聚体含量（R0.25）、>2 mm粒径团聚体含量（R2）、1~2 mm粒径团聚体含量（R2_1）、0.5~1 mm粒径团聚体含量（R1_0.5）、0.25~0.5 mm粒径团聚体含量（R0.5_0.25）、0.106~0.25 mm粒径团聚体含量（R0.25_0.106）、<0.106 mm粒径团聚体含量（R0.106）。

通过层次分割区分不同粒径团聚体含量和团聚体稳定性特征等环境变量对不同农业措施土壤细菌群落结构变化的贡献（图8-4），并通过999次置换检验获取显著性$P$值。研究结果显示，土壤<0.106 mm粒径团聚体含量是影响不同农业措施土壤细菌群落结构变化的主要影响因子，解释率为1.08%，其次是>0.25 mm粒径团聚体含量（解释率为0.68%）、1~2 mm粒径团聚体含量（解释率为0.2%）、0.106~0.25 mm粒径团聚体含量（解释率为0.19%）、>2 mm粒径团聚体含量（解释率为0.09%）、平均质量直径MWD（解释率为0.08%）、0.25~0.5 mm粒径团聚体含量（解释率为0.06%）和分形维数D（解释率为0.01%）。999次置换检验结果表明，各土壤团聚体含量和团聚体稳定性的环境因子对细菌群落结构均无显著性影响。

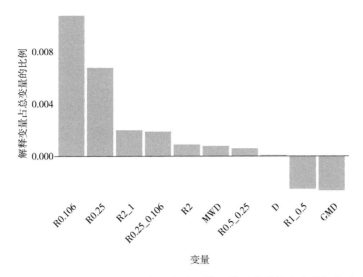

**图8-4 土壤团聚体对不同农业措施土壤细菌群落结构变化的解释率**

图8-5显示，在不同农业措施土壤中，土壤化学性质和酶活性（土壤酸碱度、有机碳、全氮、全磷、全钾、硝态氮、铵态氮、速效磷、速效钾、葡萄糖苷酶、碱性磷酸酶和乙酰氨基葡萄糖苷酶活性）对细菌群落结构变化的前两轴分别解释了2.82%和1.64%，总解释度为4.46%。

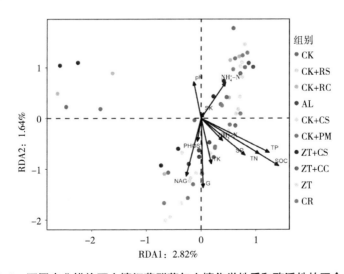

**图8-5 不同农业措施下土壤细菌群落与土壤化学性质和酶活性的冗余分析**

注：土壤酸碱度（pH）、有机碳（SOC）、全氮（TN）、全磷（TP）、全钾（TK）、硝态氮（$NH_3$-N）、铵态氮（$NH_4^+$-N）、速效磷（SP）、速效钾（SK）、葡糖苷酶（G）、碱性磷酸酶（PHOS）和乙酰氨基葡萄糖苷酶活性（NAG）。

通过层次分割区分化学性质和酶活性等环境变量对土壤细菌群落结构变化的贡献（图8-6），并通过999次置换检验获取显著性$P$值。研究结果显示，土壤有机碳含量是影响不同农业措施下土壤细菌群落结构变化的主要影响因子，解释率为2.89%，其次是全磷（解释率为1.34%）、铵态氮（解释率为1.34%）、葡萄糖苷酶活性（解释率为1.22%）、乙酰氨基葡萄糖胺酶活性（解释率为1.19%）、全氮（解释率为0.51%）、碱性磷酸酶活性（解释率为0.33%）和速效钾（解释率为0.3%）。999次置换检验结果表明，土壤有机碳对细菌群落结构具有极显著性影响（$P<0.01$）。

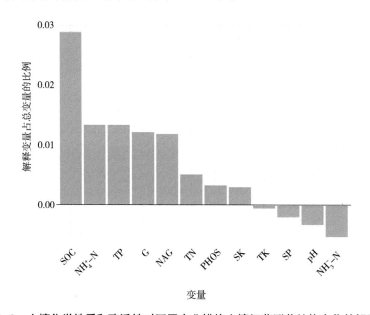

**图8-6 土壤化学性质和酶活性对不同农业措施土壤细菌群落结构变化的解释率**

通过土壤物理性质、团聚体特征、化学性质和酶活性对细菌群落结构影响的冗余分析结果，选取对细菌群落结构变异解释率大的环境变量，包括土壤含水量、土壤田间持水量和非毛管孔隙度的土壤物理性质，土壤中<0.106 mm粒径团聚体含量、>0.25 mm粒径团聚体含量和1~2 mm粒径团聚体含量的团聚体性质，以及有机碳、全氮和铵态氮的土壤化学性质的环境因子作为主要影响因子，做进一步的冗余分析，以研究各环境因子中对细菌群落结构变化的重要因子。

在不同农业措施土壤中，筛选的土壤环境因子对土壤细菌群落结构变化的RDA分析前两轴分别解释了2.89%和1.05%，总解释率为3.94%（图8-7）。

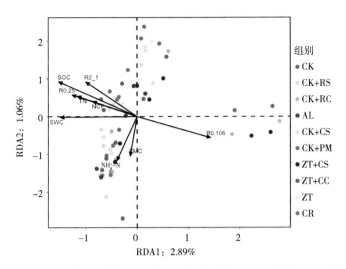

**图8-7　不同农业措施下土壤细菌群落与土壤环境因子的冗余分析**

　　通过层次分割区分环境变量对土壤细菌群落结构变化的贡献（图8-8），并通过999次置换检验获取显著性$P$值。研究结果表明，土壤环境因子中土壤有机碳是影响细菌群落结构的主要影响因子，解释率为1.47%，占筛选土壤环境因子中全部影响因子解释率的22.27%。其次是土壤含水量（解释率为1.17%，占比为17.73%）、铵态氮（解释率为1.06%，占比为16.06%）、土壤中<0.106 mm粒径团聚体含量（解释率为1.02%，占比为15.45%）、>0.25 mm粒径团聚体含量（解释率为0.69%，占比为10.45%）、土壤田间持水量（解释率为0.51%，占比为7.73%）、非毛管孔隙度（解释率为0.5%，占比为7.58%）、

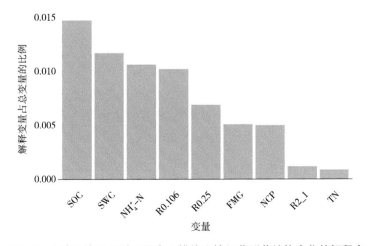

**图8-8　土壤环境因子对不同农业措施土壤细菌群落结构变化的解释率**

1~2 mm粒径团聚体含量（解释率为0.12%，占比为1.82%）和全氮（解释率为0.09%，占比为1.36%）。999次置换检验结果表明，土壤有机碳显著影响细菌群落结构（$P<0.05$）。

## 8.2 土壤理化性质和酶活性与土壤真菌

在不同农业措施土壤中，土壤物理性质（土壤含水量、土壤容重、总孔隙度、毛管孔隙度、非毛管孔隙度、饱和持水量、毛管持水量、田间持水量、土壤固相、液相、气相和三相偏离值）对真菌群落结构变化的前两轴分别解释了2.33%和0.8%，总解释度为3.13%（图8-9）。

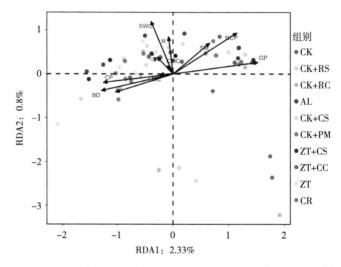

图8-9 不同农业措施下土壤真菌群落与土壤物理性质的冗余分析

通过层次分割区分不同物理性质的环境变量对土壤真菌群落结构变化的贡献（图8-10），并通过999次置换检验获取显著性$P$值。研究结果表明，土壤物理性质中毛管孔隙度是影响真菌群落结构的最主要影响因子，解释率为1.21%。其次是土壤气相（解释率为1.05%）、非毛管孔隙度（解释率为0.89%）、土壤含水量（解释率为0.85%）、土壤饱和含水量（解释率为0.59%）、土壤固相（解释率为0.49%）、土壤容重（解释率为0.31%）、毛管持水量（解释率为0.29%）和总孔隙度（解释率为0.2%）。999次置换检验结果表明，各土壤物理环境因子对真菌群落结构均无显著性影响。

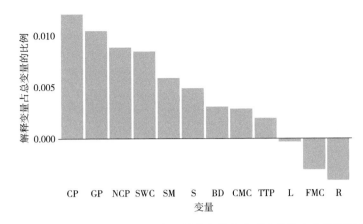

**图8-10 土壤物理因子对不同农业措施土壤真菌群落结构变化的解释率**

由图8-11可知，在不同农业措施土壤中，土壤团聚体质量和稳定性（>2 mm、1~2 mm、0.5~1 mm、0.25~0.5 mm、0.106~0.25 mm和<0.106 mm团聚体含量以及>0.25 mm粒径团聚体含量、平均质量直径、几何平均直径和分形维数）对真菌群落结构的前两轴分别解释了1.76%和1.05%，总解释度为2.81%。

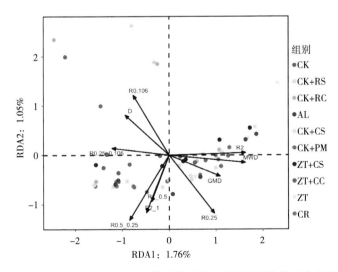

**图8-11 不同农业措施下土壤真菌群落与土壤团聚体的冗余分析**

通过层次分割区分不同粒径团聚体含量和团聚体稳定性特征等环境变量对土壤真菌群落结构变化的贡献（图8-12），并通过999次置换检验获取显著性$P$值。研究结果显示，平均质量直径MWD和>2 mm粒径团聚体含量是影响不同农业措施下土壤真菌群落结构变化的最主要影响因子,解释率均为0.92%。其次是0.25~0.5 mm粒径团聚体含量(解释率为0.63%)、R0.25(土壤中>0.25 mm粒径团聚体含量)(解释率为0.61%)、几何平均直径GMD(解释率为0.61%)、分形维数D(解释率为0.42%)、0.206~0.25 mm粒径团聚体含量(解释率为0.36%)和<0.106 mm粒径团聚体含量(解释率为0.25%)。999次置换检验结果表明,各土壤物理环境因子对真菌群落结构均无显著性影响。

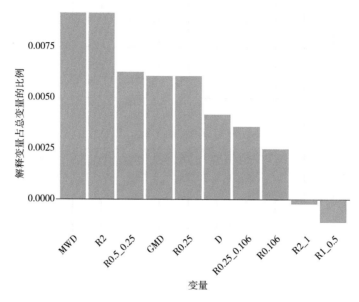

**图8-12 土壤团聚体对不同农业措施土壤真菌群落结构变化的解释率**

图8-13显示,在不同农业措施土壤中,土壤化学性质和酶活性(土壤酸碱度、有机碳、全氮、全磷、全钾、硝态氮、铵态氮、速效磷、速效钾、葡萄糖苷酶、碱性磷酸酶和乙酰氨基葡萄糖苷酶活性)对真菌群落结构的前两轴分别解释了3.22%和1.35%,总解释度为4.57%。

通过层次分割区分化学性质和酶活性等环境变量对土壤真菌群落结构变化的贡献(图8-14),并通过999次置换检验获取显著性P值。研究结果显示,乙酰氨基葡萄糖苷酶活性是影响不同农业措施下土壤真菌群落结构变化的主要影响因子,解释率为2.29%。其次是pH值(解释率为1.9%)、碱性磷酸酶活性(解释率为1.11%)、土壤有机碳(解释率为0.92%)、速效磷(解释率为0.74%）、硝态氮（解释率为0.61%）、葡萄糖苷酶活性（解释率为0.45%）、铵态氮（解释率为0.39%）和速效钾（解释率为0.01%）。999次置换检验结果表明，乙酰氨基葡萄糖苷酶活性对不同农业措施下土壤真菌群落结构具有显著影响（P<0.05），其他各土壤化学性质和酶活性环境因子对真菌群落结构均无显著性影响。

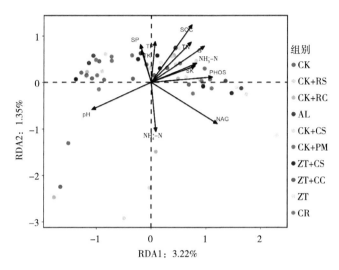

图8-13 不同农业措施下土壤真菌群落与土壤化学性质和酶活性的冗余分析

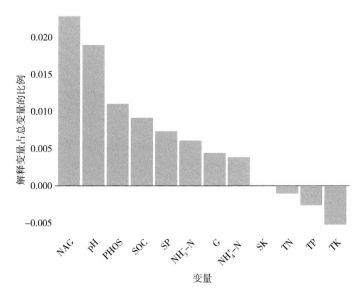

图8-14 土壤化学性质和酶活性对不同农业措施土壤真菌群落结构变化的解释率

通过土壤物理性质、团聚体特征、化学性质和酶活性中对真菌群落结构影响的冗余分析结果，选取对真菌群落结构变异解释率大的环境变量（包括毛管孔隙度和非毛管孔隙度、气相、0.25～0.5 mm粒径团聚体含量、平均质量直径、>2 mm粒径团聚体含量、pH值、碱性磷酸酶活性和乙酰氨基葡萄糖苷酶活性）作为主要影响因子，做进一步的冗余分析，以研究各环境因子中对真菌群落结构变化的重要因子。

在不同农业措施土壤中，土壤环境因子对土壤真菌群落结构变化的RDA分析前两轴分别解释了5.85%和2.43%，总解释率为8.28%（图8-15）。

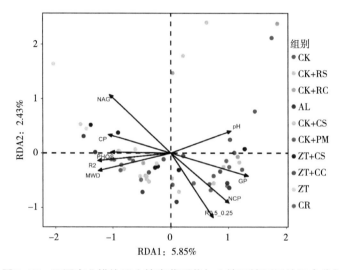

图8-15　不同农业措施下土壤真菌群落与土壤环境因子的冗余分析

通过层次分割区分环境变量对土壤真菌群落结构变化的贡献（图8-16），并通过999次置换检验获取显著性P值。研究结果表明，土壤环境因子中pH值是影响不同农业措施下土壤真菌群落结构的主要影响因子，解释率为2.32%，占筛选土壤环境因子中全部影响因子解释率的19.66%。其次是乙酰氨基葡萄糖苷酶活性（解释率为2%，占比为16.95%）、平均质量直径MWD（解释率为1.48%，占比为12.54%）、>2 mm粒径团聚体含量（解释率为1.32%，占比为11.19%）、>0.25 mm粒径团聚体含量（解释率为3.17%，占比为10%）、毛管孔隙度（解释率为1.24%，占比为10.51%）、土壤气相（解释率为1.1%，占比为9.32%）、0.25～0.5 mm粒径团聚体含量（解释率为1.08%，占比为9.15%）、碱性磷酸酶活性（解释率为0.67%，占比为5.68%）

和非毛管孔隙度（解释率为0.61%，占比为5.17%）。999次置换检验结果表明，土壤pH值和乙酰氨基葡萄糖苷酶活性是显著影响细菌群落结构的重要因子（$P<0.05$）。

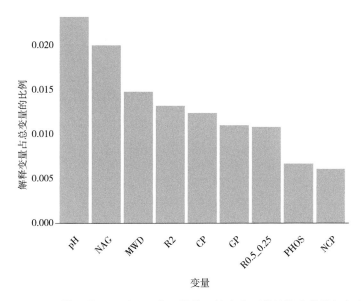

**图8-16　土壤环境因子对不同农业措施土壤真菌群落结构变化的解释率**

## 8.3　土壤环境因子对细菌和真菌优势菌门和菌目的Mantel分析

为研究不同农业措施下土壤微生物群落组成与不同土壤性质（物理性质、团聚体因子、生化性质）之间的关系，本研究采用Mantel分析将细菌和真菌的优势菌门和菌目分别与环境变量（物理性质、团聚体因子、生化性质）建立联系，探究不同环境因子与微生物群落组成的具体关系。

如图8-17的Mantel分析结果表明，土壤物理性质与细菌的优势菌门——厚壁菌门存在显著的相关性（$r=0.37$，$P<0.05$），表明了厚壁菌门受土壤物理性质的影响较大。其他环境因子对其他细菌群落优势菌门均无显著影响。优势细菌菌门与土壤物理性质、团聚体特征和生化性质之间的具体关系如表8-1所示。

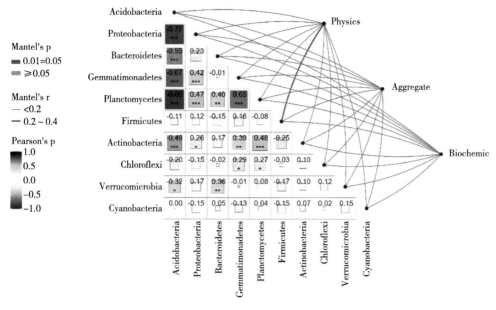

**图8-17 不同农业措施下细菌优势菌门与环境变量的Mantel分析**

注：矩阵热图展示了细菌前十优势菌门间的Person相关系数（颜色通常表示相关系数的方向和大小），连线表示物理性质、团聚体因子、生化性质与各优势细菌菌门的Mantel相关性（粗细代表相关系数大小，颜色代表显著性）。

**表8-1 优势细菌菌门与土壤性质的Mantel分析**

| 细菌优势菌门 | 物理性质 | | 团聚体特征 | | 生化性质 | |
| --- | --- | --- | --- | --- | --- | --- |
| | $r$ | $P$ | $r$ | $P$ | $r$ | $P$ |
| Acidobacteria | −0.006 871 931 | 0.518 | −0.101 846 773 | 0.921 | −0.120 099 6 | 0.964 |
| Proteobacteria | 0.007 794 142 | 0.411 | −0.080 341 468 | 0.91 | −0.019 352 63 | 0.56 |
| Bacteroidetes | 0.019 888 156 | 0.345 | −0.023 048 737 | 0.59 | 0.018 201 589 | 0.394 |
| Gemmatimonadetes | −0.053 660 438 | 0.752 | −0.103 976 078 | 0.955 | −0.069 123 936 | 0.83 |
| Planctomycetes | 0.044 416 954 | 0.212 | −0.067 504 137 | 0.876 | −0.048 313 021 | 0.765 |
| Firmicutes | 0.369 816 06 | 0.012 | 0.088 845 766 | 0.157 | −0.111 056 162 | 0.941 |
| Actinobacteria | 0.026 836 009 | 0.314 | 0.038 352 58 | 0.305 | 0.000 983 7 | 0.459 |
| Chloroflexi | −0.003 403 136 | 0.479 | 0.040 526 498 | 0.303 | 0.136 534 353 | 0.056 |
| Verrucomicrobia | −0.052 226 59 | 0.716 | −0.029 294 828 | 0.601 | −0.072 147 581 | 0.831 |
| Cyanobacteria | −0.031 167 305 | 0.583 | 0.006 396 421 | 0.418 | 0.153 046 695 | 0.065 |

相关性热图结果显示（图8-17），土壤细菌的优势菌门的相对丰度中，酸杆菌门与变形菌门、拟杆菌门、芽单胞菌门、浮霉菌门和放线菌门之间均存在极显著负相关关系（$P<0.01$），与疣微菌门存在显著负相关关系（$P<0.05$）；变形菌门与芽单胞菌门和浮霉菌门存在极显著正相关关系（$P<0.01$），与放线菌门存在显著正相关关系（$P<0.05$）；拟杆菌门与浮霉菌门和疣微菌门之间存在显著正相关关系（$P<0.01$）；芽单胞菌门与浮霉菌门和放线菌门之间存在极显著正相关关系（$P<0.001$或$P<0.01$），与绿弯菌门之间存在显著正相关关系（$P<0.05$）；浮霉菌门与放线菌门存在极显著正相关关系（$P<0.001$），与绿弯菌门之间存在显著正相关关系（$P<0.05$）。

如图8-18的Manteltest分析结果显示，团聚体特征（不同粒径团聚体含量和团聚体稳定性）与细菌的优势菌目鞘氨醇杆菌目和根瘤菌目存在极显著的相关性（$r=0.198$，$P<0.01$和$r=0.225$，$P<0.01$），表明了鞘氨醇杆菌目和根瘤菌目在团聚体形成和稳定过程中发挥了重要作用，其他环境因子对其他细菌群落优势菌目无显著影响。具体关系见表8-2。

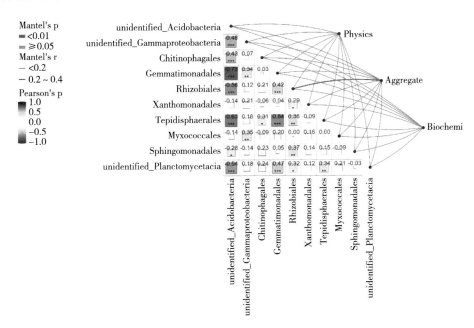

**图8-18　不同农业措施下细菌优势菌目与环境变量的Mantel分析**

注：矩阵热图展示了细菌前十优势菌目间的Person相关系数（颜色通常表示相关系数的方向和大小），连线表示物理性质、团聚体因子、生化性质与各优势细菌菌目的Mantel相关性（粗细代表相关系数大小，颜色代表显著性）。

相关性热图结果表明（图8-18），未分类酸杆菌与除黄色单胞菌目和黏球菌目之外的其他优势细菌菌目之间均存在显著或极显著负相关关系，其中未分类酸杆菌与未分类的γ-变形菌目、鞘氨醇杆菌目、芽单胞菌目、Tepidisphaerales目、根瘤菌目和未分类浮霉菌目之间存在极显著负相关关系（P<0.01），与鞘脂单胞菌目之间存在显著负相关关系（P<0.05）；未分类的γ-变形菌与黏球菌目和芽单胞菌目之间存在极显著正相关关系（P<0.01）；鞘氨醇杆菌目与Tepidisphaerales目之间存在显著的正相关关系（P<0.05）；芽单胞菌目与根瘤菌目、Tepidisphaerales目和未分类浮霉菌目之间存在极显著正相关关系（P<0.01）；根瘤菌目与黄色单胞菌目和未分类浮霉菌目之间存在显著的正相关关系（P<0.05），与Tepidisphaerales目和鞘脂单胞菌目之间存在极显著正相关关系（P<0.01）；Tepidisphaerales目与未分类浮霉菌目之间存在极显著的正相关关系（P<0.01）。

表8-2 优势细菌菌目与土壤性质的Mantel分析

| 细菌优势菌目 | 物理性质 | | 团聚体特征 | | 生化性质 | |
|---|---|---|---|---|---|---|
| | r | P | r | P | r | P |
| unidentified_Acidobacteria | −0.074 232 113 | 0.874 | 0.049 516 263 | 0.248 | 0.011 039 347 | 0.424 |
| unidentified_Gammaproteobacteria | −0.105 801 81 | 0.945 | −0.043 921 737 | 0.678 | 0.072 659 362 | 0.178 |
| Chitinophagales | −0.023 603 103 | 0.592 | 0.198 444 679 | 0.007 | 0.081 655 116 | 0.148 |
| Gemmatimonadales | −0.112 789 225 | 0.982 | −0.007 410 802 | 0.528 | −0.078 861 24 | 0.903 |
| Rhizobiales | −0.065 586 934 | 0.828 | 0.224 922 265 | 0.006 | 0.107 611 492 | 0.084 |
| Xanthomonadales | 0.084 042 777 | 0.159 | 0.086 749 224 | 0.151 | −0.112 537 689 | 0.938 |
| Tepidisphaerales | 0.003 405 176 | 0.432 | −0.003 781 317 | 0.47 | −0.022 025 458 | 0.635 |
| Myxococcales | −0.120 884 935 | 0.975 | 0.008 169 555 | 0.433 | 0.000 206 617 | 0.45 |
| Sphingomonadales | −0.011 756 521 | 0.541 | 0.018 465 799 | 0.36 | −0.020 579 746 | 0.575 |
| unidentified_Planctomycetacia | −0.111 971 512 | 0.975 | −0.109 683 026 | 0.96 | −0.086 111 37 | 0.888 |

如图8-19的Manteltest分析结果显示，土壤团聚体特征（土壤各粒径团聚体和团聚体稳定性指标）与真菌的优势菌门子囊菌门之间存在显著相关关系（r=0.163，*P*<0.05），土壤化学和酶活性特征与真菌的优势菌门罗兹菌门之间也存在显著的相关关系（r=0.207，*P*<0.05），表明了子囊菌门在土壤团聚体形成和稳定过程中发挥重要作用，罗兹菌门在土壤养分的利用和酶活性发挥作用过程中起到关键作用。其他环境因子对其他真菌群落优势菌门均无显著影响。优势真菌菌门与土壤物理性质、团聚体特征和生化性质之间的具体关系如表8-3所示。

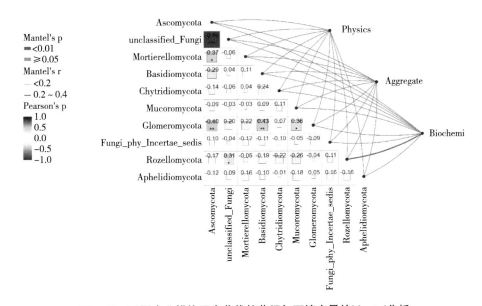

**图8-19　不同农业措施下真菌优势菌门与环境变量的Mantel分析**

注：矩阵热图展示了真菌前十优势菌门间的Person相关系数（颜色通常表示相关系数的方向和大小），连线表示物理性质、团聚体因子、生化性质与各优势真菌菌门的Mantel相关性（粗细代表相关系数大小，颜色代表显著性）。

相关性热图结果表明，子囊菌门与未分类的真菌门之间存在极显著的负相关关系（*P*<0.001），与被孢霉门之间存在显著负相关关系（*P*<0.05）；未分类的真菌门与罗兹菌门之间存在显著的正相关性（*P*<0.05）；球囊菌门未分类的真菌门之间存在极显著的负相关关系（*P*<0.01）；与担子菌门之间存在极显著的正相关关系（*P*<0.01），与毛霉门之间存在显著的正相关关系（*P*<0.05）。

表8-3　优势真菌菌门与土壤性质的Mantel分析

| 真菌优势菌门 | 物理性质 | | 团聚体特征 | | 生化性质 | |
|---|---|---|---|---|---|---|
| | $r$ | $P$ | $r$ | $P$ | $r$ | $P$ |
| Ascomycota | -0.075 383 066 | 0.763 | 0.162 503 541 | 0.048 | 0.002 064 572 | 0.475 |
| unclassified_Fungi | -0.037 334 83 | 0.615 | 0.141 011 061 | 0.077 | 0.061 941 686 | 0.279 |
| Mortierellomycota | -0.073 566 478 | 0.771 | 0.101 823 565 | 0.161 | -0.033 153 971 | 0.513 |
| Basidiomycota | -0.026 577 456 | 0.53 | 0.076 328 697 | 0.212 | 0.008 505 352 | 0.393 |
| Chytridiomycota | 0.005 848 823 | 0.402 | -0.049 031 653 | 0.66 | -0.144 973 447 | 0.939 |
| Mucoromycota | -0.031 928 044 | 0.562 | -0.116 981 315 | 0.905 | -0.036 761 043 | 0.603 |
| Glomeromycota | 0.009 701 154 | 0.358 | 0.057 992 185 | 0.21 | -0.023 175 43 | 0.477 |
| Fungi_phy_Incertae_sedis | -0.133 976 46 | 0.974 | -0.011 618 818 | 0.492 | -0.039 939 43 | 0.585 |
| Rozellomycota | 0.005 082 826 | 0.419 | -0.007 074 2 | 0.459 | 0.207 242 772 | 0.036 |
| Aphelidiomycota | 0.021 120 348 | 0.323 | 0.005 084 045 | 0.436 | 0.134 425 2 | 0.126 |

土壤真菌优势菌目和土壤环境因子之间的Manteltest分析结果显示（图8-20和表8-4），土壤团聚体特征（土壤各粒径团聚体和团聚体稳定性指标）与真菌的优势菌目粪壳菌目之间存在显著相关关系（$r=0.18$，$P<0.05$），表明了粪壳菌目在土壤团聚体形成和稳定过程中亦发挥重要作用，其他环境因子对其他真菌群落优势菌门均无显著影响。

未分类真菌目（unclassified_Fungi，41.4%）、肉座菌目（Hypocreales，16.68%）、粪壳菌目（Sordariales，11.39%）、隔孢菌目（Pleosporales，5.18%）、被孢霉目（Mortierellales，4.27%）、寡囊盘菌目（Thelebolales，2.63%）、盘菌目（Pezizales，2.21%）、伞菌目（Agaricales，1.79%）、毛霉目（Mucorales，1.41%）和未分类的子囊菌目（unclassified_Ascomycota），相关性热图结果表明（图8-20），未分类真菌与肉座菌目和粪壳菌目之间存在极显著负相关关系（$P<0.001$和$P<0.01$）；肉座菌目与被孢霉目之间存在极显著负相关关系（$P<0.001$），与盘菌目之间存在显著负相关关系（$P<0.05$）；被孢霉目与未分类的子囊菌目之间存在极显著的正相关关系（$P<0.001$）。

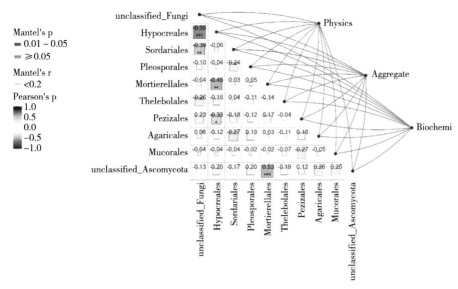

**图8-20　不同农业措施下真菌优势菌目与环境变量的Mantel分析**

注：矩阵热图展示了真菌前十优势菌门间的Person相关系数（颜色通常表示相关系数的方向和大小），连线表示物理性质、团聚体因子、生化性质与各优势真菌菌门的Mantel相关性（粗细代表相关系数大小，颜色代表显著性）。

**表8-4　优势真菌菌目与土壤性质的Mantel分析**

| 优势真菌菌目 | 物理性质 | | 团聚体特征 | | 生化性质 | |
|---|---|---|---|---|---|---|
| | $r$ | $P$ | $r$ | $P$ | $r$ | $P$ |
| unclassified_Fungi | −0.027 07 | 0.543 | 0.123 746 | 0.105 | 0.042 539 | 0.337 |
| Hypocreales | 0.024 934 | 0.305 | 0.033 927 | 0.301 | −0.079 64 | 0.763 |
| Sordariales | −0.070 65 | 0.753 | 0.180 064 | 0.035 | −0.003 39 | 0.435 |
| Pleosporales | 0.074 548 | 0.203 | 0.117 219 | 0.139 | −0.061 91 | 0.69 |
| Mortierellales | −0.093 54 | 0.881 | 0.100 444 | 0.151 | −0.104 72 | 0.896 |
| Thelebolales | −0.047 68 | 0.496 | −0.067 92 | 0.621 | −0.016 46 | 0.451 |
| Pezizales | −0.135 9 | 0.968 | 0.090 817 | 0.168 | −0.100 42 | 0.855 |
| Agaricales | −0.012 49 | 0.416 | 0.067 651 | 0.235 | −0.044 28 | 0.6 |
| Mucorales | −0.011 34 | 0.48 | −0.122 11 | 0.917 | −0.031 17 | 0.613 |
| unclassified_Ascomycota | −0.120 68 | 0.909 | 0.082 403 | 0.177 | −0.078 4 | 0.768 |

# 保护性农业与土壤微生物网络

网络分析是研究微生物相互作用重要技术。网络是将复杂系统的组成元素以节点表示，将元素之间的相互作用以节点之间的连边表示，通过一系列拓扑属性，分析探索各类复杂系统背后所蕴含的普适、简单的规律。土壤微生物并不是以分离的个体形式存在，而是通过直接或间接的相互作用形成复杂的共发生网络。节点数是生态网络中的物种或者其他非物种属性。节点度指的是和某一节点一级关联的网络连接数。网络密度定义为网络连接数与网络理论上可容纳连接数的比值，网络密度和节点平均度常用来衡量网络的复杂度。介数中心性是指从一个节点通过的最短路径的个数，用来衡量节点在网络中相对于其他节点的重要性。平均路径长度指的是任意两个节点间最短路径长度的平均值。平均聚类系数是衡量网络中节点聚集程度的系数。

复杂生态网络中的节点（类群）可以根据它们在网络中的连通性水平，基于它们的在网络中的重要作用进行分类。模块是网络中高度连接的区域，可能反映了栖息地的异质性、系统发育上亲缘关系较近物种的聚集、生态位的重叠和物种的共进化，被认为是系统发育、进化或功能上独立的单元（Olesen等，2007）。

为了描述节点的作用，根据其模块内度（z-score）和参与系数（c-score）阈值，划分network hubs（网络中心点）（z-score>2.5，c-score>0.6），Module hubs（模块中心点）（z-score>2.5，c-score<0.6），connectors（连接节点）（z-score<2.5，c-score>0.6）与peripherals（外围节点）（z-score<2.5， c-score<0.6）。

　　网络中心点意味着节点在模块内和模块间都高度连接，这些类群预计会介导节模块内和模块之间的相互作用物种，并可能通过模块内和模块之间的能量和物质交换而对功能发挥至关重要；模块中心点意味着节点在模块内高度连接，这些类群有望介导模块内的物种相互作用，并且可能通过模块内的能量和物质的交换而对功能发挥非常重要；连接节点在模块之间高度连接，这些类群有望介导模块之间的相互作用物种，并且对于允许模块之间进行能量和物质交换的功能可能非常重要的作用；外围节点意味着该节点与其他节点的链接很少或没有链接。通常将连接节点、模块中心点和网络中心点这三类节点被认为是潜在的关键分类群（Banerjee等，2016）。

## 9.1　保护性农业与土壤细菌共发生网络

　　不同保护性农业措施网络节点和边的数量比较得出，传统耕作节点和边的数量最低，分别为324、460，其他保护性农业措施均显著高于传统耕作。免耕、传统耕作+覆盖秸秆和免耕+覆盖秸秆节点数和边数最高（图9-1，表9-1）。耕作方式的改变显著影响了土壤微生物细菌网络的复杂性。

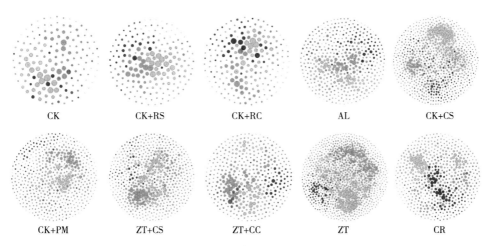

图9-1　细菌共现网络图

注：不同的颜色代表不同的模块。

表9-1　细菌共发生网络拓扑属性

| 指标 | CK | CK+RS | CK+RC | AL | CK+CS | CK+PM | ZT+CS | ZT+CC | ZT | CR |
|---|---|---|---|---|---|---|---|---|---|---|
| 节点数 | 324 | 353 | 429 | 883 | 1 171 | 1 036 | 1 129 | 797 | 1 482 | 928 |
| 边数 | 460 | 778 | 583 | 1 171 | 3 092 | 1 736 | 2 206 | 1 245 | 3 481 | 1 629 |
| 平均度 | 2.840 | 4.408 | 2.718 | 2.652 | 5.281 | 3.351 | 3.908 | 3.124 | 4.698 | 3.511 |
| 平均加权度 | 2.269 | 3.525 | 2.199 | 2.107 | 4.083 | 2.589 | 3.034 | 2.370 | 3.671 | 2.803 |
| 平均路径长度 | 2.643 | 2.683 | 2.858 | 3.708 | 3.181 | 3.418 | 3.323 | 3.151 | 3.304 | 3.657 |
| 网络直径 | 6.167 | 7.977 | 7.239 | 9.305 | 7.628 | 8.954 | 9.164 | 7.970 | 7.512 | 9.246 |
| 网络密度 | 0.009 | 0.013 | 0.006 | 0.003 | 0.005 | 0.003 | 0.003 | 0.004 | 0.003 | 0.004 |
| 聚类系数 | 0.299 | 0.333 | 0.277 | 0.232 | 0.256 | 0.252 | 0.249 | 0.243 | 0.181 | 0.234 |
| 介数中心性 | 0.025 | 0.027 | 0.021 | 0.019 | 0.015 | 0.032 | 0.019 | 0.021 | 0.015 | 0.020 |
| 度中心性 | 0.069 | 0.090 | 0.052 | 0.032 | 0.046 | 0.045 | 0.036 | 0.038 | 0.025 | 0.032 |
| 模块性 | 0.500 | 0.399 | 0.519 | 0.586 | 0.577 | 0.569 | 0.513 | 0.551 | 0.573 | 0.623 |
| 正相关边数 | 250 | 444 | 354 | 767 | 2 128 | 1 143 | 1 602 | 811 | 2 332 | 1 154 |
| 负相关边数 | 210 | 334 | 229 | 404 | 964 | 593 | 604 | 434 | 1 149 | 475 |
| 负相关数所占比重（%） | 45.65 | 42.93 | 39.28 | 34.50 | 31.18 | 34.16 | 27.38 | 34.86 | 33.01 | 29.16 |

传统耕作处理网络节点拓扑性质分析结果表明分子生态网络具有0个网络中心点；3个模块中心点，分别为：Pyrinomonadaceae、Saprospiraceae、Gemmatimonadaceae；100个连接节点；221个外围节点（图9-2）。

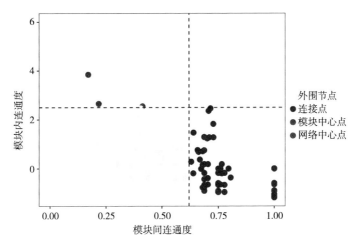

**图9-2　传统耕作处理分子生态网络Zi-Pi图**

传统耕作+覆盖秸秆处理网络节点拓扑性质分析结果表明分子生态网络具有1个网络中心点，Chitinophagaceae；19个模块中心点，包括RB41、Ellin6067、RB41、Flaviaesturariibacter、Novosphingobium、Stenotrophobacter、Flavitalea、RB41、Ralstonia等；387个连接节点；764个外围节点（图9-3）。

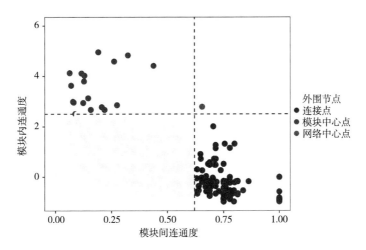

**图9-3　传统耕作+覆盖秸秆处理分子生态网络Zi-Pi图**

传统耕作+地膜覆盖处理网络节点拓扑性质分析结果表明分子生态网络具有0个网络中心点；18个模块中心点，包括RB41、Microvirga、Terrimonas、Nitrosospira、Lysobacter、Terrimonas、Lysobacter、Caenimonas等；322个连接节点；696个外围节点（图9-4）。

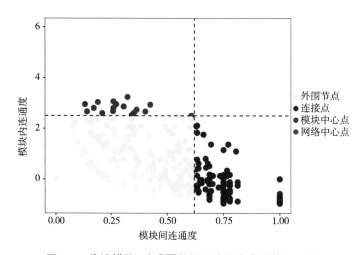

图9-4　传统耕作+地膜覆盖处理分子生态网络Zi-Pi图

传统耕作+绿肥还田处理网络节点拓扑性质分析结果表明分子生态网络具有1个网络中心点，Lysobacter；5个模块中心点，分别为：Burkholderiales、Subgroup_7、Burkholderiales、Vicinamibacterales、Chitinophagales；133个连接节点；290个外围节点（图9-5）。

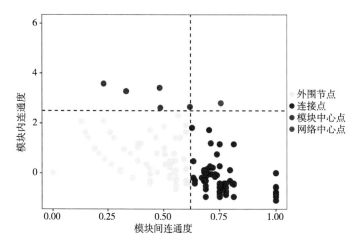

图9-5　传统耕作+绿肥还田处理分子生态网络Zi-Pi图

传统耕作+秸秆还田处理网络节点拓扑性质分析结果表明分子生态网络具有0个网络中心点；4个模块中心点，分别为：Dongiales、Vicinamibacterales、Xanthomonadales、Vicinamibacterales；110个连接节点；239个外围节点（图9-6）。

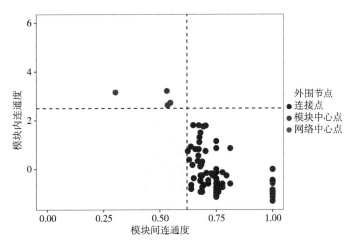

**图9-6　传统耕作+秸秆还田处理分子生态网络Zi-Pi图**

轮作处理网络节点拓扑性质分析结果表明分子生态网络具有1个网络中心点，Terrimonas；17个模块中心点，包括Ellin6067、Parasegetibacter、MND1、Skermanella、RB41、Ellin6067、Lysobacter、Terrimonas、Ellin6067、Puia等；309个连接节点；601个外围节点（图9-7）。

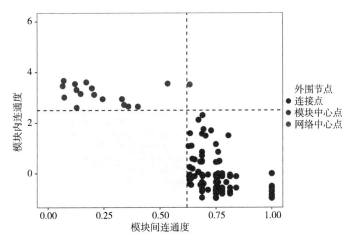

**图9-7　轮作处理分子生态网络Zi-Pi图**

免耕处理网络节点拓扑性质分析结果表明分子生态网络具有0个网络中心点；28个模块中心点，包括RB41、Stenotrophobacter、MND1、RB41、Rhizobacter、Terrimonas、Blastocatella、Subgroup_10、RB41、Variovorax、Luteimonas、Niastella、Caenimonas、Aridibacter、Terrimonas等；495个连接节点；959个外围节点（图9-8）。

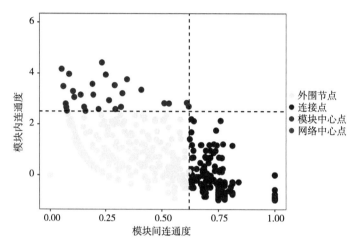

图9-8　免耕处理分子生态网络Zi-Pi图

免耕+覆盖作物处理网络节点拓扑性质分析结果表明分子生态网络具有1个网络中心点，Subgroup_7；13个模块中心点，包括RB41、MND1、Tychonema_CCAP_1459-11B、Nitrosospira、Ahniella、Acidibacter等；251个连接节点；532个外围节点（图9-9）。

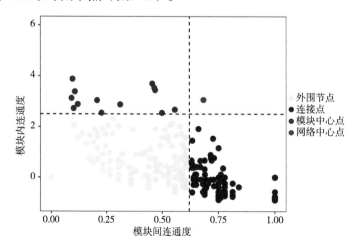

图9-9　免耕+覆盖作物处理分子生态网络Zi-Pi图

　　免耕+覆盖秸秆处理网络节点拓扑性质分析结果表明分子生态网络具有1个网络中心点，RB41；19个模块中心点，包括Pseudoxanthomonas、Terrimonas、RB41、MND1、Flavisolibacter、Bradyrhizobium、Lysobacter、Sphingomonas、Subgroup_10、Lysobacter、Sphingomonas、Stenotrophobacter等；348个连接节点；761个外围节点（图9-10）。

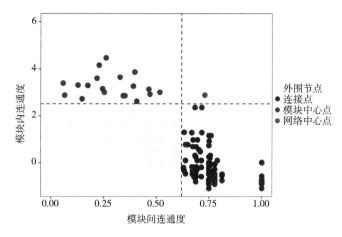

**图9-10　免耕+覆盖秸秆处理分子生态网络Zi-Pi图**

　　撂荒处理网络节点拓扑性质分析结果表明分子生态网络具有0个网络中心点；11个模块中心点，分别为：Burkholderiales、Burkholderiales、Pyrinomonadales、Burkholderiales、Burkholderiales、Vicinamibacterales、Burkholderiales、Burkholderiales、Subgroup_7、Burkholderiales、Subgroup_7；262个连接节点；610个外围节点（图9-11）。

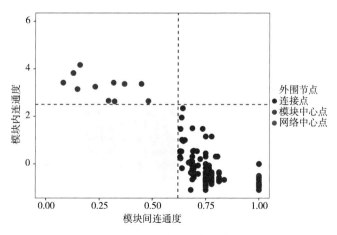

**图9-11　撂荒处理分子生态网络Zi-Pi图**

## 9.2 保护性农业与土壤真菌共发生网络

所有耕作处理中传统耕作节点数量最低，为445，免耕、传统耕作+覆盖秸秆和免耕+覆盖秸秆节点数最高。休耕的边数最低，其次为传统耕作，传统耕作+覆盖还田、免耕+覆盖秸秆和免耕+地膜覆盖栽培边数最高（图9-12，表9-2）。

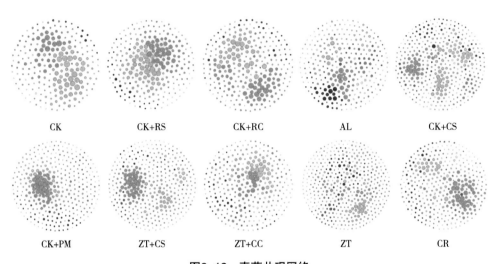

图9-12 真菌共现网络

注：不同的颜色代表不同的模块。

表9-2 真菌共发生网络拓扑属性

| 指标 | CK | CK+RS | CK+RC | AL | CK+CS | CK+PM | ZT+CS | ZT+CC | ZT | CR |
|---|---|---|---|---|---|---|---|---|---|---|
| 节点数 | 445 | 470 | 525 | 680 | 861 | 819 | 844 | 699 | 996 | 720 |
| 边数 | 719 | 1 395 | 1 002 | 497 | 831 | 1 063 | 1 057 | 759 | 808 | 832 |
| 平均度 | 3.231 | 5.936 | 3.817 | 1.462 | 1.930 | 2.596 | 2.505 | 2.172 | 1.622 | 2.311 |
| 平均加权度 | 2.694 | 5.017 | 3.243 | 1.215 | 1.594 | 2.144 | 2.079 | 1.753 | 1.348 | 1.941 |
| 平均路径长度 | 3.200 | 2.657 | 3.241 | 4.811 | 4.744 | 3.764 | 3.822 | 3.765 | 4.886 | 4.328 |
| 网络直径 | 7.767 | 7.435 | 9.162 | 11.469 | 13.786 | 11.138 | 11.474 | 10.993 | 15.886 | 12.327 |

（续表）

| 指标 | CK | CK+RS | CK+RC | AL | CK+CS | CK+PM | ZT+CS | ZT+CC | ZT | CR |
|---|---|---|---|---|---|---|---|---|---|---|
| 网络密度 | 0.007 | 0.013 | 0.007 | 0.002 | 0.002 | 0.003 | 0.003 | 0.003 | 0.002 | 0.003 |
| 聚类系数 | 0.308 | 0.359 | 0.319 | 0.203 | 0.257 | 0.358 | 0.334 | 0.251 | 0.228 | 0.262 |
| 介数中心性 | 0.020 | 0.020 | 0.025 | 0.031 | 0.028 | 0.014 | 0.014 | 0.019 | 0.019 | 0.026 |
| 度中心性 | 0.049 | 0.085 | 0.052 | 0.024 | 0.022 | 0.048 | 0.039 | 0.038 | 0.026 | 0.030 |
| 模块性 | 0.514 | 0.368 | 0.477 | 0.726 | 0.704 | 0.417 | 0.590 | 0.500 | 0.735 | 0.633 |
| 正相关边数 | 454 | 838 | 651 | 330 | 559 | 799 | 869 | 459 | 557 | 640 |
| 负相关边数 | 265 | 557 | 351 | 167 | 272 | 264 | 188 | 300 | 251 | 192 |
| 负相关边数所占比重（%） | 36.86 | 39.93 | 35.03 | 33.60 | 32.73 | 24.84 | 17.79 | 39.53 | 31.06 | 23.08 |

　　传统耕作处理网络节点拓扑性质分析结果表明分子生态网络具有0个网络中心点；1个模块中心点，为未分类真菌；100个连接节点；344个外围节点（图9-13）。

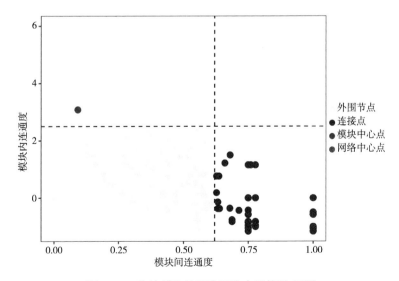

图9-13　传统耕作处理分子生态网络Zi-Pi图

传统耕作+覆盖秸秆处理网络节点拓扑性质分析结果表明分子生态网络具有0个网络中心点；8个模块中心点，均为未分类真菌；233个连接节点；620个外围节点（图9-14）。

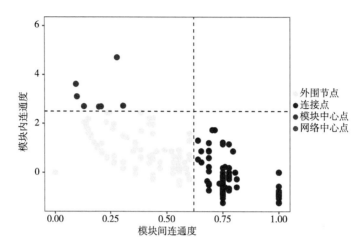

图9-14　传统耕作+覆盖秸秆处理分子生态网络Zi-Pi图

传统耕作+地膜覆盖处理网络节点拓扑性质分析结果表明分子生态网络具有0个网络中心点；6个模块中心点，分别为：Aspergillus、未分类真菌；216个连接节点；597个外围节点（图9-15）。

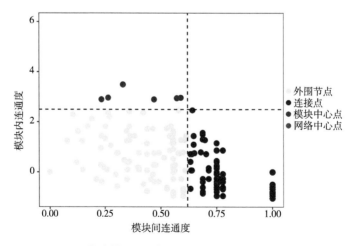

图9-15　传统耕作+地膜覆盖处理分子生态网络Zi-Pi图

传统耕作+绿肥还田处理网络节点拓扑性质分析结果表明分子生态网络具有1个network hub，Lysobacter；6个模块中心点，包括Aspergillus、未分类真菌等；126个连接节点；393个外围节点（图9-16）。

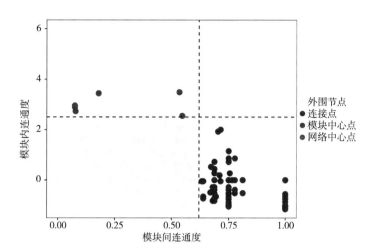

**图9-16 传统耕作+绿肥还田处理分子生态网络Zi-Pi图**

传统耕作+秸秆还田处理网络节点拓扑性质分析结果表明分子生态网络具有0个网络中心点；4个模块中心点，包括Aspergillus、未分类真菌等；129个连接节点；337个外围节点（图9-17）。

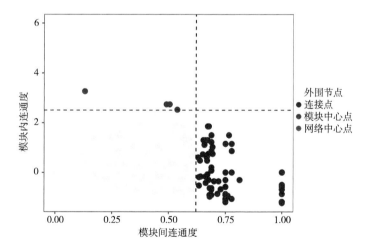

**图9-17 传统耕作+秸秆还田处理分子生态网络Zi-Pi图**

轮作处理网络节点拓扑性质分析结果表明分子生态网络具有1个网络中心点，为未分类真菌；10个模块中心点，包括Aspergillus、未分类真菌等；217个连接节点；492个外围节点（图9-18）。

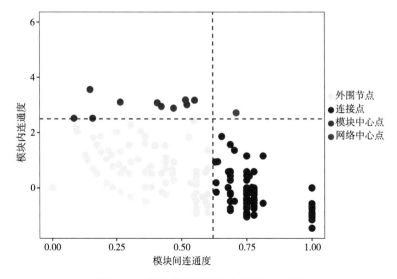

**图9-18 轮作处理分子生态网络Zi-Pi图**

免耕处理网络节点拓扑性质分析结果表明分子生态网络具有0个网络中心点；13个模块中心点，均为未分类真菌；295个连接节点；688个外围节点（图9-19）。

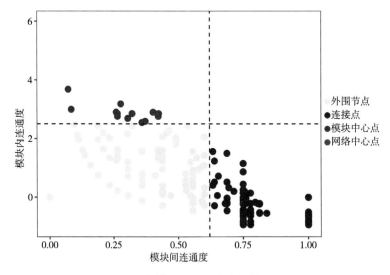

**图9-19 免耕处理分子生态网络Zi-Pi图**

免耕+覆盖作物处理网络节点拓扑性质分析结果表明（图9-20）分子生态网络具有0个网络中心点；4个模块中心点，包括Aspergillus、未分类真菌等；213个连接节点；482个外围节点。

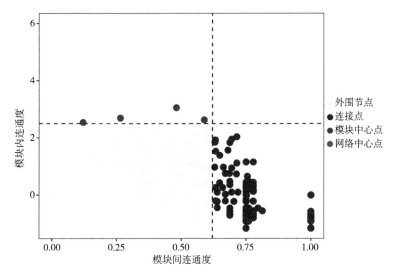

**图9-20 免耕+覆盖作物处理分子生态网络Zi-Pi图**

免耕+覆盖秸秆处理网络节点拓扑性质分析结果表明分子生态网络具有0个网络中心点；9个模块中心点，包括Aspergillus、未分类真菌等；210个连接节点；625个外围节点（图9-21）。

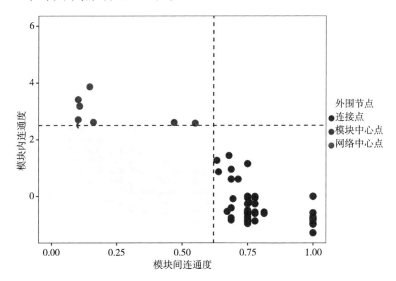

**图9-21 免耕+覆盖秸秆处理分子生态网络Zi-Pi图**

摞荒处理网络节点拓扑性质分析结果表明分子生态网络具有0个网络中心点；5个模块中心点，包括Aspergillus、未分类真菌等；198个连接节点；477个外围节点（图9-22）。

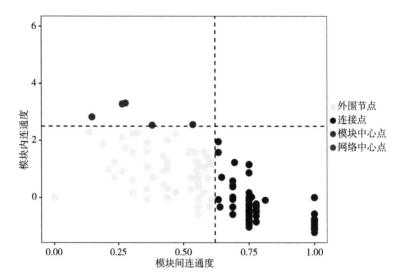

图9-22　撂荒处理分子生态网络Zi-Pi图

# 10 保护性农业措施与土壤微生物装配过程

## 10.1 保护性农业与土壤细菌微生物装配过程

微生物群落结构由确定性过程（基于生态位的理论）和随机性过程（中性理论）共同作用塑造。确定性群落组装是由环境和生物条件对物种的可预测过滤作用造成的，而随机性群落装配则通过本质上随机的扩散、出生、死亡和漂移过程进行。确定性过程（$|\beta NTI|>2$）：$\beta NTI<-2$为同质选择、$\beta NTI>2$为异质选择；随机过程（$|\beta NTI|<2$）：$|\beta NTI|\leqslant2$且$RC>0.95$为扩散限制、$|\beta NTI|\leqslant2$且$RC<-0.95$为同质扩散、$|\beta NRI|\leqslant2$且$|RC|\leqslant0.95$为漂变。

细菌V3~V4测序装配过程分析结果如图10-1所示，传统耕作处理细菌的装配过程以随机性为主，随机性占0.8，其中异质性选择占0.2，扩散限制占0.2，同质扩散占0.1，漂变占0.5；传统耕作+秸秆还田处理细菌的装配过程以随机性为主，随机性占0.8，其中异质性选择占0.2，同质扩散占0.3，漂变占0.5；免耕+秸秆覆盖细菌的装配过程以随机性为主，随机性占0.8，其中异质性选择占0.3，同质扩散占0.2，漂变占0.5；免耕+覆盖作物细菌的装配过程以确定性为主，确定性过程占0.8，其中异质性选择占0.8，同质扩散占0.1，漂变占0.1；撂荒处理细菌的装配过程以随机性为主，随机性占0.7，其中异质性选择占0.3，扩散限制占0.2，同质扩散占0.1，漂变占0.4。

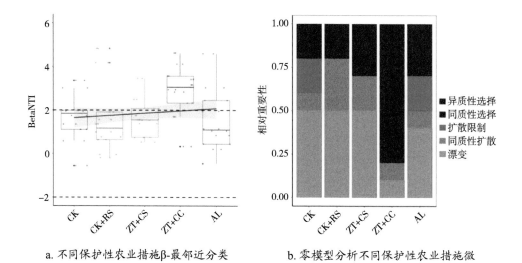

a. 不同保护性农业措施β-最邻近分类
指数（βNTI）

b. 零模型分析不同保护性农业措施微
生物群落装配过程

**图10-1　不同耕作措施下细菌装配过程（V3~V4测序）**

细菌全长测序装配过程分析如图10-2所示，不同耕作措施细菌的装配过程不同，其中，传统耕作处理确定性过程占0.67，主要为同质选择为主0.53，异质性选择占0.13，随机性过程占0.33（同质性扩散）；传统耕作+秸秆还田处理确定性过程占0.47（同质性选择），随机性过程占0.53（同质扩散）；常规耕作+绿肥还田确定性过程占0.47（同质选择），随机性占0.53（同质扩散）；撂荒处理确定过程占0.53（同质性选择），随机性占0.47（扩散限制占0.2、同质性扩散占0.13、漂变占0.13）；传统耕作+覆盖秸秆，随机性过程占1（同质扩散）；地膜覆盖处理随机性占1（扩散限制占0.2、同质性扩散占0.4、漂变占0.4）；免耕+秸秆覆盖处理确定性过程占0.33（同质性选择），扩散限制占0.33，同质性扩散占0.07，漂变占0.27；免耕+覆盖作物处理确定性过程占0.27，为同质性选择；随机性过程占0.73（扩散限制占0.07、同质性扩散占0.33、漂变占0.33）；免耕处理随机性占1（扩散限制占0.73、漂变占0.27）；轮作处理确定性过程占0.13（异质性选择），随机性过程占0.87（扩散限制占0.53、同质性扩散占0.27，漂变占0.07）。

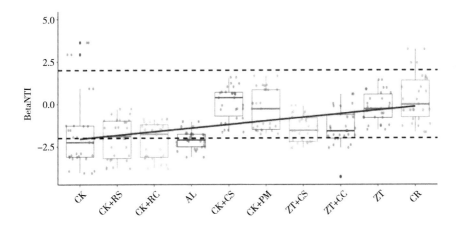

a. 不同保护性农业措施β-最邻近分类指数（βNTI）

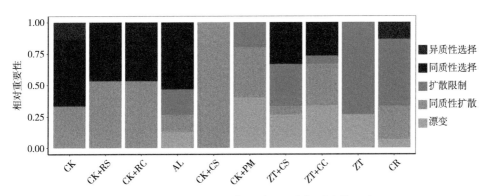

b. 零模型分析不同保护性农业措施微生物群落装配过程

**图10-2 不同耕作措施下细菌装配过程（全长测序）**

## 10.2 保护性农业与土壤真菌微生物装配过程

不同耕作措施下真菌的装配过程均为随机性过程，其中，传统耕作处理确定性过程占0.4，随机性占0.6，主要为同质扩散0.6；传统耕作+秸秆还田处理确定性过程占0.47，随机性过程占0.53，其中同质扩散占0.47，漂变占0.07；传统耕作+绿肥还田确定性过程占0.33，随机性占0.67，其中同质扩散占0.47，漂变占0.2；传统耕作+覆盖秸秆确定性过程占0.07，随机性过程占0.93，其中扩散限制占0.07，同质扩散占0.67，漂变占0.2；地膜覆盖处理确定性过程占0.07；随机性过程占0.93，其中同质性扩散占0.53，漂变占0.4；

轮作处理同质性扩散占0.67，漂变占0.33；免耕+覆盖作物处理确定性过程占0.13，为同质性选择；随机性过程占0.87，为同质性扩散；撂荒处理同质性选择占0.07；同质性扩散占0.87，漂变占0.07；免耕处理异质性选择占0.07；随机性过程占0.97，其中扩散限制占0.27，同质性扩散占0.2，漂变占0.47；免耕+秸秆覆盖处理同质性选择占0.13，同质性扩散占0.53，漂变占0.33。

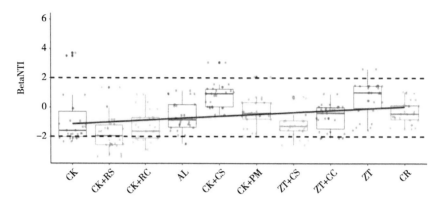

a. 不同保护性农业措施β-最邻近分类指数（βNTI）

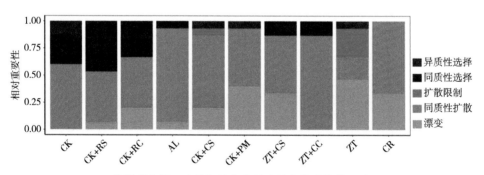

b. 零模型分析不同保护性农业措施微生物群落装配过程

**图10-3　不同耕作措施下真菌装配过程**

## 10.3　保护性农业土壤细菌微生物中性群落模型

随机过程被认为在微生物群落结构的塑造方面发挥着重要作用，随着统计和微生物生态学的发展，随机性难以定义以及缺少用于表示随机性方法的问题逐渐被解决，目前，已经有许多有关于微生物群落形成的概念性模型被提出，本部分主要介绍中性群落模型（Neutral community model，NCM），以量化中性过程的重要性。

结果显示，在不同保护性农业措施下，细菌中性群落模型均为较低的 $R^2$ 解释率，表明了随机过程在不同保护性农业措施下对微生物群落组装的作用较小，亦可以说随机过程较弱。其中：$R^2$ 代表了中性群落模型的整体拟合优度，$R^2$ 值越高表明越接近中性模型，即群落的构建受随机性过程的影响越大，受确定性过程的影响就越小；N描述了元群落规模（Metacommunity size），在本文中为每个样本中所有OTU的总丰度；m量化了群落层面的迁移率（migration rate），m值越小说明整个群落中物种扩散越受限制，反之m值越大则表明物种受到扩散限制越低；Nm是元群落规模（N）与迁移率（m）的乘积，量化了对群落之间扩散的估计，决定了发生频率和区域相对丰度之间的相关性。具体结果如下。

传统耕作处理中性群落模型的结果表明，细菌的Nm值为3 530，N值为3 365，m值为1.049（图10-4）。传统耕作+秸秆覆盖处理中性群落模型的结果表明，细菌的Nm值为4 385，N值为3 696，m值为1.186（图10-5）。传统耕作+绿肥还田处理中性群落模型的结果表明，细菌的Nm值为5 643，N值为5 022，m值为1.124（图10-6）。撂荒地处理下中性群落模型的结果表明，细菌的Nm值为11 904，N值为7 912，m值为1.353（图10-7）。免耕+秸秆覆盖处理下中性群落模型的结果表明，细菌的Nm值为17 103，N值为7 467，m值为2.29（图10-8）。传统耕作+秸秆覆盖处理下中性群落模型的结果表明，细菌的Nm值为13 765，N值为8 646，m值为1.592（图10-9）。传统耕作+地膜覆盖处理下中性群落模型的结果表明，细菌的Nm值为16 160，N值为6 739，m值为2.398（图10-10）。免耕+作物覆盖处理下中性群落模型的结果表明，细菌的Nm值为12 338，N值为4 642，m值为2.658（图10-11）。免耕处理下中性群落模型的结果表明，细菌的Nm值为20 319，N值为4 642，m值为2.658（图10-12）。轮作处理下中性群落模型的结果表明，细菌的Nm值为10 709，N值为7 912，m值为1.353（图10-13）。

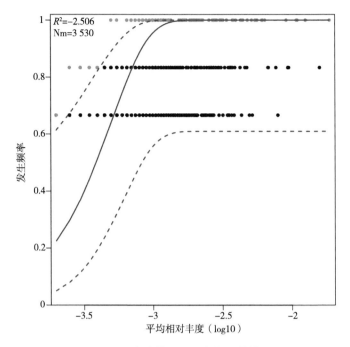

**图10-4 传统耕作处理中性群落模型**

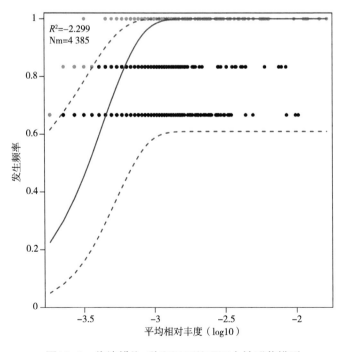

**图10-5 传统耕作+秸秆还田处理下中性群落模型**

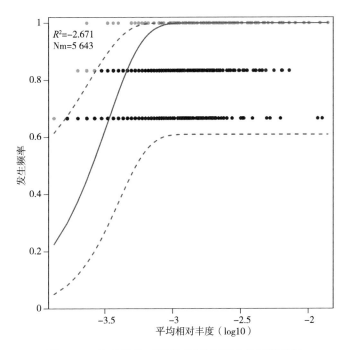

**图10-6 传统耕作+绿肥还田处理下中性群落模型**

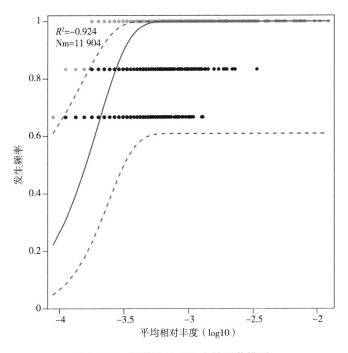

**图10-7 撂荒地处理下中性群落模型**

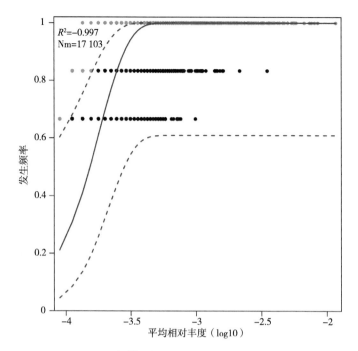

图10-8　免耕+秸秆覆盖处理下中性群落模型

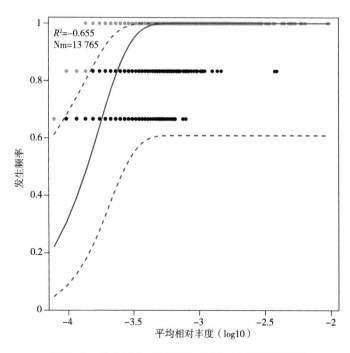

图10-9　传统耕作+秸秆覆盖处理下中性群落模型

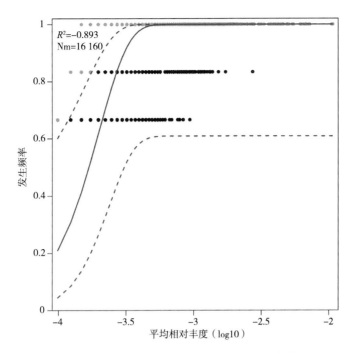

**图10-10 传统耕作+地膜覆盖处理下中性群落模型**

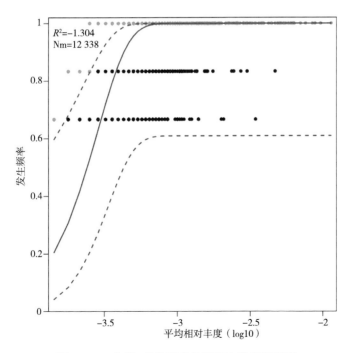

**图10-11 免耕+作物覆盖处理下中性群落模型**

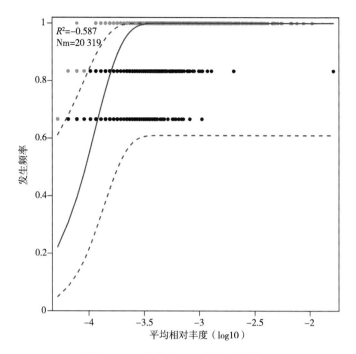

图10-12　免耕处理下中性群落模型

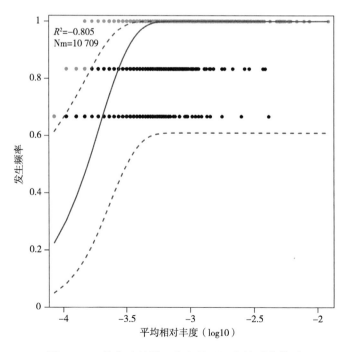

图10-13　轮作（地膜玉米）处理下中性群落模型

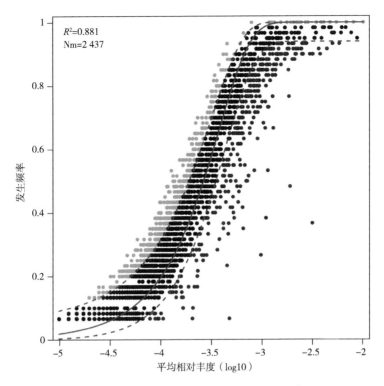

图10-14　保护性农业措施下细菌中性群落模型

不同保护性农业措施从整体的结果显示，中性群落模型成功地估计了
OTU的出现频率与其相对丰度变化之间的大部分关系，有很高的解释率
（$R^2$=0.881），表明不同保护性农业措施中随机过程对细菌群落组装的形成
具有重要作用。

从Nm值结果可以看出，不同保护性农业措施细菌群落的物种扩散大小顺
序为免耕>免耕+秸秆覆盖>免耕+作物覆盖>传统耕作+地膜覆盖>传统耕作+秸
秆覆盖>休耕>轮作>传统耕作+绿肥还田>传统耕作+秸秆还田>传统耕作。

## 10.4　保护性农业土壤真菌微生物中性群落模型

真菌微生物中性群落模型结果显示，在不同保护性农业措施下，真菌中
性群落模型的$R^2$均较低，表明了随机过程在不同保护性农业措施下对微生物
群落组装的作用较小。具体结果如下。传统耕作处理下中性群落模型的结果

表明，真菌的Nm值为8 940，N值为5 565，m值为1.606（图10-15）。传统耕作+秸秆覆盖处理下中性群落模型的结果表明，真菌的Nm值为10 073，N值为6 749，m值为1.493（图10-16）。传统耕作+绿肥还田处理下中性群落模型的结果表明，真菌的Nm值为11 024，N值为7 971，m值为1.383（图10-17）。撂荒地处理下中性群落模型的结果表明，真菌的Nm值为18 158，N值为10 216，m值为1.777（图10-18）。免耕+秸秆覆盖处理下中性群落模型的结果表明，真菌的Nm值为23 664，N值为10 051，m值为2.354（图10-19）。传统耕作+秸秆覆盖处理下中性群落模型的结果表明，真菌的Nm值为15 825，N值为11 397，m值为1.389（图10-20）。传统耕作+地膜覆盖处理下中性群落模型的结果表明（图10-21），真菌的Nm值为21 625，N值为9 153，m值为2.363。免耕+作物覆盖处理下中性群落模型的结果表明（图10-22），真菌的Nm值为18 883，N值为6 734，m值为2.804。免耕处理下中性群落模型的结果表明，真菌的Nm值为21 796，N值为16 397，m值为1.329（图10-23）。轮作处理下中性群落模型的结果表明，真菌的Nm值为14 004，N值为10 389，m值为1.348（图10-24）。

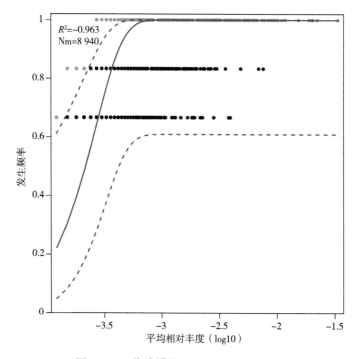

图10-15　传统耕作处理下中性群落模型

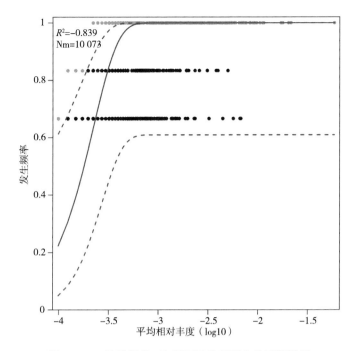

图10-16  传统耕作+秸秆还田处理下中性群落模型

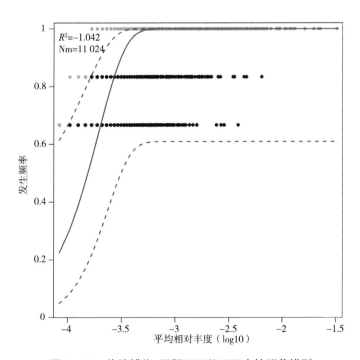

图10-17  传统耕作+绿肥还田处理下中性群落模型

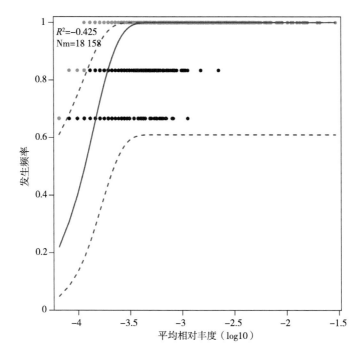

图10-18 撂荒地处理下中性群落模型

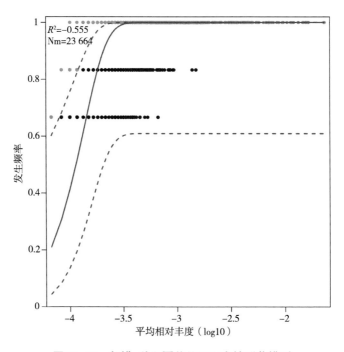

图10-19 免耕+秸秆覆盖处理下中性群落模型

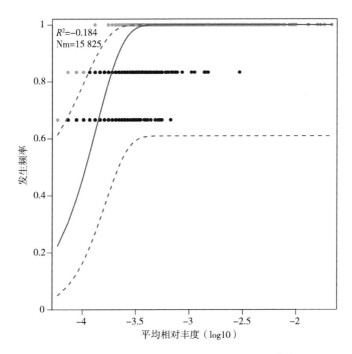

图10-20　传统耕作+秸秆覆盖处理下中性群落模型

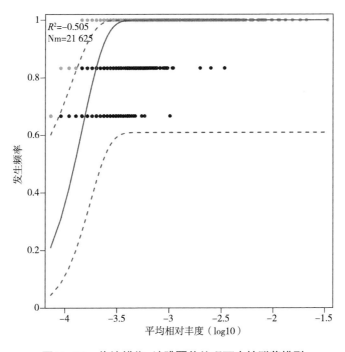

图10-21　传统耕作+地膜覆盖处理下中性群落模型

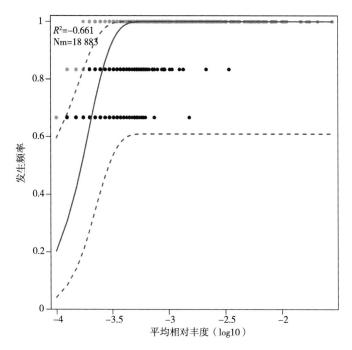

图10-22 免耕+作物覆盖处理下中性群落模型

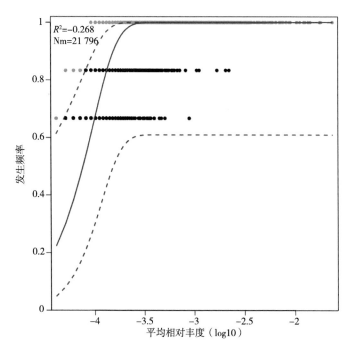

图10-23 免耕处理下中性群落模型

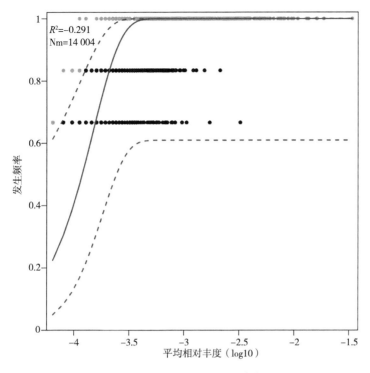

$R^2=-0.291$
Nm=14 004

平均相对丰度（log10）

发生频率

**图10-24    轮作处理下中性群落模型**

不同保护性农业措施从整体的真菌中性群落模型结果显示，中性群落模型成功的估计了真菌OTU的出现频率与其相对丰度变化之间的大部分关系，同细菌类似，具有较高的解释率（$R^2=0.921$），表明不同保护性农业措施中随机过程对细菌群落组装的形成具有重要作用。且真菌的Nm值（Nm=3 946，其中N=9 462，m=0.417）高于细菌的Nm值（Nm=2 437，N值为6 784，m值为0.359 2），表明不同保护性农业措施下真菌的物种扩散高于细菌（图10-25）。

从Nm值结果可以看出，不同保护性农业措施真菌群落的物种扩散大小顺序与细菌群落的物种扩散较为类似，为免耕+秸秆覆盖>免耕>传统耕作+地膜覆盖>免耕+作物覆盖>休耕>传统耕作+秸秆覆盖>轮作>传统耕作+绿肥还田>传统耕作+秸秆还田>传统耕作。

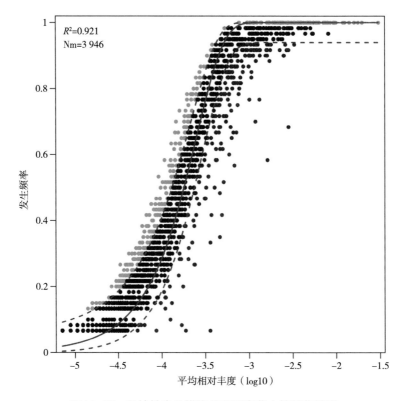

图10-25　保护性农业措施处理下真菌中性群落模型

# 11 保护性农业与土壤健康展望

　　虽然保护性农业措施频繁有减产的报道，主要原因还是对保护性农业的理念理解不到位，导致各种措施的结合度不到位，因此，构建合理的保护性农业体系是保护性农业增产增收的重要环节。本研究分析了2015年传统耕作、免耕+秸秆覆盖和免耕+覆盖作物3个处理的产量数据，利用正态性W［shapiro.test（）］检验方法得出$P>0.05$，样本均来自正态分布总体。方差齐性检验［bartlett.test（）］得出$P>0.05$，接受假设H0，各处理的数据是等方差的。数据符合独立性，正态分布和方差齐次等条件，所以应用方差分析进行不同耕作处理作物产量的差异分析。不同耕作处理作物产量方差分析结果表明，不同耕作处理作物产量差异显著$P=0.04<0.05$，即2015年三种耕作处理作物产量差异明显。通过LSD法得出，免耕+覆盖作物处理作物产量比传统耕作增产24.3%（表11-1）。野生动物对保护性农业措施下的作物保苗率产生了一定的影响，农田生态系统及整体生态系统质量和功能的改善吸引了野生动物，对作物的破坏性呈现增加趋势（图11-1），在宁夏六盘山区应加强保护性农业措施下野生动物的管理。

表11-1　保护性农业措施对冬小麦产量的影响

| 措施 | 极小值 | 极大值 | 均值±标准差 | 偏度 | 峰度 |
|---|---|---|---|---|---|
| 传统耕作 | 2 673.3 | 4 440.2 | 3 519.0 ± 664.6a | 0.0 | -1.5 |
| 免耕+秸秆覆盖 | 3 112.6 | 4 384.2 | 3 790.6 ± 483.0ab | -0.2 | -1.6 |
| 免耕+覆盖作物 | 3 369.7 | 5 120.6 | 4 374.5 ± 596.0b | -0.4 | 0.2 |

注：在$P<0.05$的水平下，不同字母表示差异显著。

**图11-1 免耕6年返青期幼苗遭受野鸡野兔的破坏**

　　《2030年可持续发展议程》涵盖17项宏伟的全球可持续发展目标（Sustainable Development Goals，SDGs），其中13项目标直接或间接与土壤有关，土壤生态系统服务势必为全球可持续发展目标的实现提供关键保障。联合国粮食及农业组织（FAO）在国际土壤年发布的《世界土壤资源状况报告》中厘定了土壤功能及其提供的生态系统服务。土壤生态系统服务是指人类从土壤生态系统获得的惠益，包括支持服务（supporting services）、调节服务（regulating services）、供给服务（provisioning services）和文化服务（cultural services）四类。支持服务是指其他所有生态系统服务实现所必要的服务，对人类的影响通常是间接的，或者影响的时间尺度很长；调节服务是指从生态系统过程调节获得的惠益；供给服务是指从生态系统获得的对人类有直接益处的产品；文化服务是指人类以精神富足、审美体验、自然和文化遗产保护与重建形式从生态系统获得的非物质惠益（张甘霖等，2018）。土壤健康评估与土壤生态系统服务功能密切相关（表11-2）。

**表11-2 土壤生态系统服务功能与土壤功能**

| 土壤生态系统服务 | | 土壤功能 |
|---|---|---|
| 支持服务 | 1 土壤形成 | 原生矿物风化及养分释放；有机质转化与累积；维持水、气流动和根系生长的结构形成（团聚体、发生层）；离子固持和交换的带电表面形成 |
| | 2 初级生产 | 种子萌发和根系生长介质；植物的养分和水分供给 |
| | 3 养分循环 | 土壤生物有机物质转化；带电表面养分固持和释放 |

（续表）

| 土壤生态系统服务 | | 土壤功能 |
|---|---|---|
| 调节服务 | 4 水质调节 | 土壤水中物质过滤和缓冲；污染物转化 |
| | 5 供水调节 | 土壤水入渗和流动调控；过量的水排出至地下水和地表水 |
| | 6 气候调节 | $CO_2$、$N_2O$和$CH_4$释放调节 |
| | 7 侵蚀调节 | 地表土壤保持 |
| 供给服务 | 8 食物供给 | 为人和动物所需植物的生长提供水、养分和物理支撑 |
| | 9 水供给 | 水资源保蓄和净化 |
| | 10 纤维与燃料供给 | 为生物能源和纤维植物的生长提供水、养分和物理支撑 |
| | 11 原料供给 | 供给表土、团聚体、泥炭等 |
| | 12 表面稳定性 | 支撑人类聚居地及相应的基础设施 |
| | 13 栖息地 | 提供土壤动物、鸟类等的栖息地 |
| | 14 遗传资源 | 独特的生物物质资源 |
| 文化服务 | 15 美学与精神 | 自然和文化景观多样性保持；颜料和染料的原材料 |
| | 16 文化遗产 | 考古文物保存 |

资料来源：FAO，2015。

　　从保护土壤发展而来的保护性农业，是人们对土壤认识的一次革命。"民以食为天，食以土为本"，充分说明了土壤是农业的基础，是最基本的农业生产资料，更是一种资源，与人类社会的可持续发展息息相关。它最少具有为植物提供生长介质、提供优良水资源、养分和废弃物的再循环、大气圈的调节器、工程介质和土壤生物的栖息地等功能。保护性农业发展的核心必然要围绕土壤健康进行，土壤健康是指土壤维持植物、动物和人类的重要生命系统的持续能力。土壤健康的评价一般包含土壤的物理、化学和生物学等指标，比起物理和化学指标，生物学指标更能反映土壤的动态生命系统的变化，一个具有高生物多样性和充满活力的健康土壤一定具有较为优良的物理和化学特性，微生物群落多样性、基因多样性、土壤酶活性、微生物生物量、病原菌和土壤生物网络复杂性等指标，均可一定程度上反映土壤健康，但是土壤具有高度复杂性和多功能性，往往单一指标很难确定一个单一的土壤健康指示微生物，需要根据具体情况确定使用单一指标，还是综合指标来指示土壤健康（图11-2）。

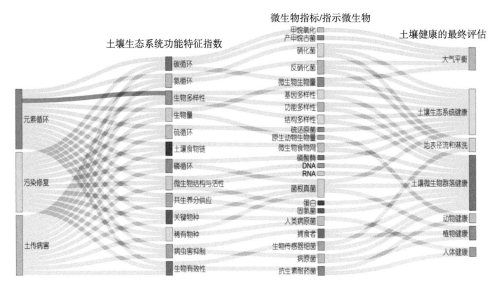

**图11-2　评估土壤健康的微生物综合性指标（朱永官，2021）**

人类从狩猎和采集进入人工栽培以来，对土壤的认识也逐步发展，包括土壤肥力、土壤质量、土壤健康、土壤安全、土壤与粮食安全、土壤与人类健康、土壤与生物多样性等方方面面。土壤是最基本的自然资源，是粮食和生态安全的重要载体，也是乡村振兴的基石。FAO 2015年出版的《世界土壤资源状况报告》一书指出，世界上将近1/3的土壤严重退化。土壤健康已经成为人类共同的愿望，我们需要采取更加生态、更加安全的方法让土壤重新焕发生机。保护性农业是保护和维持土壤健康的农业方式，保护性农业的高质量发展必然围绕着土壤健康这一核心要义，除了最基本的免耕、少耕、秸秆覆盖、秸秆还田、覆盖作物、绿肥还田、轮作等环节需要考虑外，还需结合物理、化学和生物的措施综合利用，才能建立基于土壤健康的、可推广、可应用、具有显著经济、生态和社会效益的保护性农业体系。健康的土壤需要健康的环境，例如长期免耕，由于机械的作用力必然导致土壤压实，长期免耕导致动物的破坏；过度的强调免耕，往往不能为植物创造良好的生长空间；杂草为害严重的区域，可以通过翻耕等物理除草的方式可能更加科学（如在杂草种子成熟之前，将杂草翻压还田），不但可以增加肥力，而且可以减少除草剂的使用；在水旱轮作中建立合理的种植模式，可以有效地增加作物生长时间、防治杂草、减少耕作，如宁夏引黄灌区通过种植短生育期冬小麦，冬小麦收获后立即免耕种植早熟水稻等作物；在"双碳"背景下，如何应用保护性农业构建减排固碳的农业生产体系也是亟须研究应用的热点问题。

　　本人所在研究团队针对宁夏旱地农业、灌溉农业保护性发展中存在的问题，持续开展了近20年保护性农业理论和实践方面的研究，取得了显著的成效。引进了国际本领域的相关专家，创新了多种型号的免耕播种机；研发了基于覆盖作物的保护性农业技术；构建了多种双免耕、单免耕一年两熟种植等模式和技术；这些模式和技术在宁夏农业生产中得到了一定的应用，试验示范效果也得到了各方的认可，为宁夏耕地土壤健康提供了坚实的理论和技术支撑，为宁夏耕作制度的变革提供了先进的理念，为发展保护性农业研究和发展以及集约型农业高质量发展奠定了理论和技术依据。总之，保护性农业的发展必须聚焦土壤健康，借助农艺、农机的高效融合，这样保护性农业才会朝着更加科学、更加实用、更加高效的方向发展，才会促进农业生产方式的变革，才会为实现农业的绿色、固碳减排、高质量发展贡献应有的价值。

# 参考文献

## REFERENCES

董立国，2019. 原状土样测定多项土壤物理性质的方法[J]. 宁夏农林科技，60
（4）：51-52.

李保国，等，2019. 土壤学与生活（原书第十四版）[M]. 第1版. 北京：科学出
版社.

联合国，2015-09-21. 2030年可持续发展议程[EB/OL]. http://www. un. org/
ga/search/view_doc. asp?symbol=A/RES/70/1&referer=http://www. un. org/
sustainabledevelopment/development-agenda/&Lang=C.

宋玉芳，周启星，宋雪英，等，2005. 土壤整体质量的生态毒性评价[J]. 环境
科学（1）：130-134.

宋长青，吴金水，陆雅海，等，2013. 中国土壤微生物学研究10年回顾[J]. 地
球科学进展，28（10）：1087-1105.

张甘霖，吴华勇，2018. 从问题到解决方案：土壤与可持续发展目标的实现[J].
中国科学院院刊，33（2）：124-134.

朱永官，彭静静，韦中，等，2021. 土壤微生物组与土壤健康[J]. 中国科学：
生命科学，51（1）：1-11.

朱永官，沈仁芳，贺纪正，等，2017. 中国土壤微生物组：进展与展望[J]. 中
国科学院院刊，32（6）：554-565，542.

BANERJEE C，SINGH P K，SHUKLA P，2016. Microalgal bioengineering
for sustainable energy development：recent transgenesis and metabolic
engineering strategies[J]. Biotechnol. J.，11：303-314.

BLANCO-CANQUI H，RUIS S J，2018. No-tillage and soil physical environment[J].

Geoderma, 326: 164-200.

BROOKS E S, BOLL J, et al., 2010. Long-term sediment loading trends in the Paradise Creek watershed[J]. Soil Water Conserv., 65: 331-341.

BÜNEMANN E K, BONGIORNO G, et al., 2018. Soil quality—A critical review[J]. Soil Biol. Biochem., 120: 105125.

DERPSCH R, FRANZLUEBBERS A J, et al., 2014. Why do we need to standardize no-tillage research [J]. Soil Tillage Res., 137, 16-22.

DORAN J W, ZEISS M R, et al., 2000. Soil health and sustainability: managing the biotic component of soil quality[J]. Appl. Soil Ecol., 15: 3-11.

DUCKLOW H W, 2008. Long-term studies of the marine ecosystem along the west Antarctic Peninsula[J]. Deep Sea Res., Part II, 55 (18-19), 1945-1948.

FAO, 2013. Basic Principles of Conservation Agriculture[EB/OL]. http://www. fao.org/ag/.ca/1a.html.

Food and Agriculture Organization of the United Nations. 2016-01-28. Status of the World's Soil Resources[EB/OL]. http://www. fao.org/3/a-i5199e.pdf.

GOVAERTS B, SAYRE K D, LICHTER K, et al., 2007. Influence of permanent raised bed planting and residue management on physical and chemical soil quality in rain fed maize/wheat systems[J]. Plant Soil, 291: 39-54.

KARLEN D L, MAUSBACH M J, DORAN J W, et al., 1997. Soil quality: A concept, definition, and framework for evaluation[J]. Soil Sci. Soc. Am. J., 61 (1): 4-10.

LESK C, ROWHANI P, RAMANKUTTY N, 2016. Influence of extreme weather disasters on global crop production[J]. Nature, 529 (7584): 84.

LI M, HE P, GUO X L, et al., 2021. Fifteen-year no tillage of a Mollisol with residue retention indirectly affects topsoil bacterial community by altering soil properties[J]. Soil Tillage Res., 205: 104804.

LI Y, LI Z, CUI S, et al., 2021. Microbial-derived carbon components are critical for enhancing soil organic carbon in no-tillage croplands: A global perspective[J]. Soil Tillage Res., 205: 104758.

LIU X, HERBERT S J, HASHEMI A M, et al., 2006. Effects of agricultural management on soil organic matter and carbon transformation - a review[J].

Plant Soil Environ., 12: 531-543.

NING D, YUAN M, WU L, et al., 2020. A quantitative framework reveals ecological drivers of grassland microbial community assembly in response to warming[J]. Nat. Commun., 11: 4717.

OLESEN C, PICARD M, WINTHER A M L, et al., 2007. The structural basis of calcium transport by the calcium pump[J]. Nature, 450: 1036-1042.

PETTIT R E, 2004. Organic matter, humus, humate, humid acid, fulvic acid and humin: their importance in soil fertility and plant health[J]. CTI Res., 1-17.

RAPPARINI F, PEÑUELAS J, 2014. Mycorrhizal Fungi to Alleviate Drought Stress on Plant Growth[M]. In: Miransari M. (eds) Use of Microbes for the Alleviation of Soil Stresses, Volume 1. New York, NY: Springer.

RUMPEL C, AMIRASLANI F, LYDIE-STELLA K, et al., 2018. Put more carbon in soils to meet Paris climate pledges[J]. Nature, 564: 32-34.

SARE/SAN (Sustainable Agriculture Research and Extension/Sustainable Agriculture Network), 1998. Managing Cover Crops Profitably. Handbook Series 3[EB/OL]. http://www. sare. org 212 p9.

TULLBERG J, 2010. Reduce soil damage for more sustainable crop production[J]. Nature, 466: 920.

USDA-NRCS, 2012. Natural Resources Conservation Service, United States Department of Agriculture [EB/OL]. URL. Web USDA-NRCS.

WANG Y, ZHANG J H, ZHANG Z H, et al., 2015. Influences of intensive tillage on water-stable aggregate distribution on a steep hillslope[J]. Soil Tillage Res., 151: 82-92.

WULANNINGTYAS H S, Gong Y T, LI P, et al., 2021. A cover crop and no-tillage system for enhancing soil health by increasing soil organic matter in soybean cultivation[J]. Soil Tillage Res., 205: 104749.

ZHANG B, HE H, ZHANG X, et al., 2012. Soil microbial community dynamics over a maize (*Zea mays* L. ) growing season under conventional- and no-tillage practices in a rainfed agroecosystem[J]. Soil Tillage Res., 124: 153-160.

# 附录 1　土壤科学专业术语

A层（A horizon）：矿物质土壤的表层，拥有最大的有机物质积累、最大的生物活性，和（或）能发生淋溶作用的物质。

非生物的（abiotic nonliving）：环境中的无生命的基本要素。

加速侵蚀（accelerated erosion）：主要由于人类活动或在某些情况下，由于动物的活动所造成的比正常的、自然的、地质侵蚀更快速的侵蚀。

致酸阳离子（acid cations）：主要是铝离子、铁离子和氢阳离子，能直接或者通过与水发生水解反应增加氢离子活性。

酸雨（acid rain）：pH<5.6的大气沉降，其酸度是由于氮和硫氧化物释放到大气中所形成的无机酸（如硝酸和硫酸）造成的。

酸饱和度（acid saturation）：致酸阳离子占交换性阳离子的比例或百分比。

酸性土壤（acid soil）：土壤pH<7.0的土壤。

活性酸度（active acidity）：氢离子在土壤水相中的活性，用pH值来表示。

残留酸度（acidity residual）：能被石灰或其他碱性物质中和但是不能被非缓冲盐溶液置换的土壤酸度。

放线菌（actinomycetes）：一类和真菌菌丝外观有些相似而具有较细的分支状菌丝体的细菌，放线菌目包括许多属。

活性有机质（active organic matter）：土壤有机质中较容易被微生物分解的一部分，在土壤中的半衰期为几天到几年。

黏着性（adhesion）：两种物质（例如水和砂粒）表面由分子间力作用而

相黏结的能力。

吸附作用（adsorption）：固体表面对离子或化合物的吸引力。如土壤胶体吸附大量的离子和水。

土壤通气性（aeration）：土壤中的空气与大气中的空气交换的过程。通气性好的土壤，土壤空气的组成与土壤上方的大气相似。通气性不好的土壤通常比土壤上方的大气包含较多的二氧化碳和较少的氧气。

土壤团聚体（aggregate soil）：许多土壤颗粒垒结形成的单一的块或团，例如土块、碎屑、块或棱柱。

土壤孔隙度（air porosity）：在某时或指定条件如特定的水势下，土壤中被空气填充的空隙体积占土壤总体积的百分比；通气空隙通常是大孔隙。

碱性土（alkaline soil）：pH>7的土壤。

化感作用（allelopathy）：向土壤中引入或直接从植物或是腐蚀的植物残体中浸出或渗出的生物活性化学物质使某一植物影响其他植物生长的现象。这种影响通常是消极的，但也可能是积极的。

冲积扇（alluvial fan）：在峡谷或沟壑的出山口，洪水成扇形散开，流速逐渐减慢，搬运能力减弱，洪水中的碎屑物质沉积而形成的扇形堆积体。

土壤改良剂（amendment）：肥料以外用于改善土壤化学或物理性质的物质，一般能使土壤养分更有效。

氨基酸（amino acids）：是能形成蛋白质含氮的有机酸，每个氨基酸分子包括一个或多个氨基和至少一个羧基。另外一些氨基酸还含有硫。

生物脱氮（ammanox）：氮循环中的生物化学过程，厌氧细菌或古生菌利用亚硝酸离子作为电子接受体，氧化铵离子，主要产物是氮气。

氨化作用（ammonification）：含氮有机化合物释放氨态氮的生物化学过程。

铵固定（ammonium fixation）：指被土壤中矿物或有机组分捕获的铵离子是不溶于水的，至少暂时是非交换的。

厌氧的（anaerobic）：①没有分子氧的条件；②在没有氧气条件下的生长或反应（例如：厌氧细菌或者生物化学还原反应）。

无氧呼吸（anaerobic respiration）：在无氧条件下，电子由还原化合物（通常是有机物质）转移到一个无机受体分子上的代谢过程。

阴离子交换（anion exchange）：被黏土和腐殖质颗粒吸附的阴离子与土壤溶液中的阴离子的交换过程。

阴离子交换量（anion exchange capacity）：土壤能够吸附的可交换阴离子的总和。以每千克土壤（或者其他吸附物质如黏土）的电荷厘摩尔表示（cmolc/kg）。

丛枝菌根（arbuscular mycorrhiza）：藻菌真菌产生的常见的内生菌根组织，分布在根细胞内的小结构叫作丛枝。一些形成于根细胞间的储存器官也叫作泡囊。宿主范围包括许多农业和园艺作物，以前被称为泡囊丛枝菌根（VAM）。

丛枝（arbuscule）：内生菌根真菌在根皮质细胞内形成特殊分枝结构。

古生菌（archaea）：是两类单细胞原核生物微生物域的一个，外表与细菌相似，但是进化过程不同。古生菌适应于极端的盐浓度和热，并且靠甲烷生存。

干旱土（aridisols）：土壤分类中的一个土纲。在干旱气候条件下形成的土壤，有机质含量低的发生层，且连续3个月为干土。土体上有一个淡薄表层和下面有一个或多个诊断层：黏化层、碱化层、过度钙层、钙层、石化钙积层、石膏层、石化石膏层、积盐层或者硬磐。

流限（liquid limit）：土壤由可塑状态过渡到液态时的临界含水量。

塑限（plastic limit）：土壤由可塑状态过渡到半固体状态时的临界含水量。

原生微生物（autochthonous organisms）：与发酵菌相比，这些微生物依赖于耐分解的土壤有机质而生存，而受加入的新鲜有机物质影响较小。见k-对策者（k-strategist）。

自养生物（autotroph）：与异养生物相比，能够利用二氧化碳或者碳酸盐作为唯一碳源和从无机元素或化合物，例如铁、硫、氢、氨和亚硝酸盐的氧化或辐射能获得生命过程能量的有机体。

B层（B horizon）：土壤发生学层次，通常位于A层或E层的下面，具有下面的一个或者多个特点：①土壤可溶性盐、硅酸盐黏土、氧化铁和氧化铝、腐殖酸出现单独或混合富集；②呈块状或柱状结构；③颗粒被氧化铁和氧化铝覆盖，使之颜色呈棕红或深红色。

细菌（bacteria）：两种单细胞原核生物微生物域的一种，不包括古生菌。

生物富积（bioaccumulation）：由于生物过程蓄积在生物体内的特定化合物。通常是重金属、农药或其代谢物。

生物强化技术（bioaugmentation）：通过添加外来微生物来处理污染土

壤，在降解有机污染物上特别有效，是一种生物修复。

生物固氮（biological nitrogen fixation）：在常温常压下，通常由某些细菌、藻类和放线菌进行的或与高等植物相关联的氮素生物固氮作用。

生物量（biomass）：在一定环境中（例如在 $1m^3$ 土壤中），指定生物质（例如微生物生物量）的总质量。

生物孔隙（biopores）：通常是由植物根系、蚯蚓或其他土壤生物产生的直径相对大的土壤孔隙。

生物修复（bioremediation）：通过促进土壤生物的化学降解或其他生物活动来净化或修复污染或退化土壤的技术。

生物序列（biosequence）：指主要由于作为土壤成土因素的各种植物和微生物的差异而出现的一组相互关联而彼此不同的土壤。

生物促进作用（biostimulation）：通过调控土壤营养或其他环境因素来促进天然土壤微生物的活动以达到污染土壤净化，是生物修复的一种形式。

缓冲容量（buffering capacity）：土壤抵抗pH值变化的能力，其大小通常由黏土、腐殖酸和其他胶体物质决定。

土壤容重（bulk density）：单位体积的干燥土壤的重量（包括空隙）。总体积是指在105℃下烘干至恒重时的体积。

C层（C horizon）：一般指在风化层下面的矿物层，相对不受生物活性和土壤发育过程的影响并且缺少A层或B层的诊断特性。其矿物可能与A层和B层成土矿物不同。

碳循环（carbon cycle）：二氧化碳通过光合作用或者化学合成固定在生物有机体内，然后通过生物呼吸作用和生物体死亡后被异养物种降解再释放出来，最后回到其原始状态。

碳/氮比（carbon/nitrogen ratio）：土壤或者有机物质中有机碳与总氮含量的比值。

阳离子交换（cation exchange）：溶液中的阳离子与任何表面活性物质（例如黏土或有机质）表面的其他阳离子之间的相互交换过程。

阳离子交换量（cation exchange capacity）：土壤能吸收的可交换阳离子总量。有时称作总交换容量、碱性交换容量或阳离子吸附容量。用每千克土壤（或其他吸附物质，例如黏土）中的厘摩尔电荷表示。

结持性（consistence）：土壤具有抗裂断、抗塑形或抗变形的各种属性集合。可以用松散、脆性、坚固、柔软、塑性和黏性来描述土壤结持性。

坚实度（consistency）：在不同水分含量下土壤内部的黏合力和内聚力的相互作用，可用使土壤能够变形或破裂的相对容易程度来表示。

覆盖作物（cover crop）：为了在常规作物生产周期之间或果园、葡萄园中树体和藤蔓之间保护和培育土壤而栽培的一类密植作物。

土壤结皮或结壳（crust soil）：①物理结皮土壤干燥时在物理化学过程作用下形成的比下方物质更紧实的硬而脆的表面层次，其厚度从几毫米到最高达3cm；②生物结皮通常在土壤表面由蓝藻、海藻、地衣、苔藓、苔类与土壤颗粒结合形成不规则的结皮，特别是在贫瘠、干旱地区的土壤上。也指隐花植物或隐生植物结壳或生物结壳。

蓝细菌（cyanobacteria）：含有叶绿素能够进行光合作用和氮固定的细菌。以前称为蓝绿色海藻。

反硝作用（denitrification）：硝酸盐或亚硝酸盐经过生物化学作用还原成氮气或氧化氮的过程。

分散（disperse）：①将复合颗粒，如团聚体，分解成单独的颗粒。②在分散介质（如水）中或整个介质中散布或悬浮细颗粒。

E层（E horizon）：具有最大淀积作用（冲洗）的硅酸盐黏土、氧化铁和铝；一般发生在B层的上面和A层的下面。

外生菌根（ectotrophic mycorrhiza（ectomycorrhiza））：真菌菌丝在真菌菌丝体的共生体和某些植物的根表面形成一个紧凑的地幔并且扩展到周围土壤和内皮质细胞之间，没有进入这些细胞，主要是与某些树木相关联。

内生菌根［endotrophic mycorrhiza（endomycorrhiza）］：真菌菌丝体与多种植物根的共生关系，其中真菌菌丝直接渗透到根毛、其他表皮细胞，有时也渗透到皮层细胞。单个菌丝也从根表面向外延伸到周围的土壤中。

富集率（enrichment ratio）：物质（例如磷）在侵蚀沉积物中的浓度除以它在来源土壤中未被侵蚀前的浓度。

新成土（Entisols）：土壤分类中的一个土纲，不具有土壤的诊断成土层，可以在几乎任何气候的非常近地质表面发现它们。

风成土（eolian soil material-）：土壤物质通过风力作用而积累。

真核生物（eukaryote）：生物体的细胞中具有可见的明显的核。

富营养化（eutrophication）：营养丰富的湖泊、池塘和其他这样的水域能够促进水生生物的生长，导致水体中氧的不足。

兼性菌（facultative organism）：有机体的有氧和无氧代谢能力。

食物网（food web）：生物体群落通过分享和传递食物物质而互相联系。他们形成营养级，例如从阳光和无机物质创造有机物质的生产者，消费者和肉食动物以生产者、死去的生物、废弃物和彼此为食。

土壤肥力（fertility）：土壤的质量能使其在指定植物生长的数量和比例上提供基本的化学元素。

肥料（fertilizer）：任何天然或合成来源的有机或无机物质添加到土壤中供应对植物生长至关重要的某些元素。

功能多样性（functional diversity）：以生态系统的特征为例进行大量的生化转换和其他功能的能力。

真菌（fungi）：带有坚硬细胞壁的真核微生物。一些形成称为菌丝的可能生长在一起形成可见体的长丝状细胞。

胡敏酸（humic acid）：各种或不确定组成的深色有机物质混合物，用稀碱从土壤中提取出来在酸性条件下沉淀。

胡敏素（humin）：胶体大小的土壤有机物质，在强碱萃取土壤时不溶解。

腐殖质（humus）：添加的植物和动物残余物的主要部分已经分解后剩余土壤有机质中或多或少稳定的部分，通常是深色的。

水合作用（hydration）：一个离子或化合物与一个或多个水分子之间的化学结合，这种反应是由离子或化合物对水中的氢或氧的未共享电子的吸引所刺激的。

k-对策者（k-strategist）：与r-对策者相比，这种生物体能够通过大多数其他的生物体不能利用的专门的抗性化合物代谢维持一个相对稳定的数量，参见原地生物体。

地衣（lichen）：真菌和蓝细菌（蓝绿藻）的共生关系能够增强赤裸矿物和岩石的定植。真菌提供水和营养，蓝细菌固氮并且通过光合作用获得碳水化合物。

木质素（ligni）：纤维素植物组织中木质纤维的复杂有机成分，与纤维素一起将细胞黏合在一起并提供强度木质素以抵抗微生物的侵袭，经过一定的修饰后可成为土壤有机质的一部分。

黄土（loess）：由风搬运和沉积的物质，主要由粉沙大小的颗粒组成。

甲烷（methane）：通常在厌氧条件下产生的无味、无色的气体。当释放到上层大气时，导致全球变暖。

矿化作用（mineralization）：一种元素由于微生物分解由有机形态转变为无机状态的过程。

土壤形态学（soil morphology）：土壤组成包括质地、结构、结持性、颜色和其他物理、化学和各种土层的生物性质组成的土壤剖面。

斑点（mottling）：不同颜色或色度的斑点或斑点点缀在主色上。

黏胶（mucigel）：生长在未消毒土壤中的根表面的胶质矿物。

彩度，色度（chroma）：相对纯度强度，或颜色饱和度。

色相，色调（hue）：到达眼睛的光色渐变（彩虹）。

菌丝体（mycelium）：单一真菌或放线菌菌丝的线状质量。

菌丝体（mycelium）：由单个真菌或放线菌菌丝组成的线状团。

菌丝体（mycelium）：由单个真菌或放线菌菌丝组成的线状团。

真菌的（myco）：与真菌有关或有关系的前缀（例如，mycotoxins是真菌产生的毒素）。

菌根（mycorrhiza）：真菌和种子植物的结合，通常是共生的。参见外生菌根、内生菌根、丛枝菌根。

线虫（nematodes）：非常小（大部分是微观的）的不分段的轮虫。在土壤中它们数量很多并且在土壤食物网中具有许多重要的作用。一些是植物寄生虫并且可以当成是害虫。

硝化作用（nitrification）：自养细菌将铵生物化学氧化形成硝酸盐。

氮同化作用（nitrogen assimilation）：生物将氮融入有机细胞物质内。

氮素循环（nitrogen cycle）：经历了氮从大气进入水、土壤和生物体内的化学和生物变化过程并且这些生物（植物和动物）的死亡是通过部分或所有整体过程循环的。

固氮作用（nitrogen fixation）：元素氮形成有机结合或在生物过程中容易被利用的形式的生物转化。

核酸（nucleic acids）：在植物和动物细胞核中发现的复杂的有机酸，可能与蛋白质结合形成核蛋白质。

0层（0 horizon）：矿物土壤的有机层。

母质（parent material）：通过成土过程发育的疏松的和或多或少化学风

化的物质或来自风化土的有机质。

颗粒大小，粒度（particle size）：通过沉积、筛分、测微术方法测量的颗粒的有效直径。

土壤圈（pedosphere-）：生态系统中由土壤组成或受土壤直接影响的概念区域。

土壤pH（pH）:土壤中氢离子活性（浓度）的负对数。

土壤物理性质（physical properties of soils）：由于物理力所引起的土壤特性、过程或反应，可以用物理术语或方程式来描述。例如，体积密度、持水能力、导水率、孔隙度、孔隙分布等。

土壤孔隙度，土壤孔隙率（soil-porosity）：不被固体颗粒占据的总土壤体积的体积百分比。

初级生产者（primary producer）：一种利用无机物、太阳能和水产生有机的、能量丰富的物质的有机体（通常是光合植物）。

激发效应（priming effect）：由外源物质添加等各种处理所引起的土壤有机质强烈周转的短期改变的现象。

土壤生产力（soil-productivity）：在一定的管理系统条件下，土壤生产一定植物或植物序列的能力。

土壤剖面（soil-profile）：土壤通过所有层并延伸进入母质的垂直部分。

原核微生物（prokaryote）：不具有明显细胞核的生物。

蛋白质（protein）：由氨基酸以"脱水缩合"的方式组成的多肽链经过盘曲折叠形成的具有一定空间结构的物质，是生命物质的基本组成部分。

原生动物（protozoa）：单细胞真核生物，例如变形虫。

活性氮（reactive nitrogen）：容易被生物群利用的所有形式的氮（主要是氨、铵和硝酸盐和少量其他化合物包括氧化氮气体），与以大多数惰性氮气存在的非活性氮相反。

恢复力，回弹性（resilience）：土壤（或其他生态系统）在扰动后恢复到最初状态的能力。

根际细菌（rhizobacteria）：特别适合在植物根和周围植物根部土壤表面定殖的细菌，一些能够促进植物生长，然而其他的对植物有害。

根瘤菌（rhizobia）：与高等植物共生的细菌，通常在豆科植物根部的结节中，它们从中获得能量，并能将大气中的氮转化为有机形式。

根面（rhizoplane）：根表面-土壤界面。用来描述根-表面-居住微生物的栖息地。

根际，根围（rhizosphere）：与植物根直接相邻的这一部分土壤，微生物的丰度和组成能够被根的存在所影响。

根系截获（root interception）：根生长到附近的营养源并通过根获得营养物质。

根瘤（root nodules）：植物根的肿胀生长。通常指那些有共生微生物的地方。

r-对策者（r-strategist）：与k-对策者相比，对容易代谢的食物来源做出快速反应，繁殖时间短的机会主义者，参见发酵微生物。

径流（runoff）：一个地区的降水量是通过这个地区的水道排出的。没有进入土壤而损失的部分称作表面径流，并且在到达河流之前进入土壤的称作地下水径流或来自地下水的渗流（在土壤科学中径流通常指通过地表径流损失的水；地质和水利径流通常包括地表和地下水流）。

腐生植物，腐生物（saprophyte）：生活在死亡有机物质上的有机体。

土系（soil-series）：土系是土壤系统分类的一个族类的亚目，并且在所有主要的剖面性质上土壤组成相似。

土壤碱度（soil alkalinity）：土壤碱性的程度或强度，用pH>7.0来表示。

土壤改良剂（soil amendment）：任何物质，例如石灰、石膏、锯末或合成改良剂，混入土壤，使之更适合植物生长。

土壤可压缩性（soil compressibility）：当土壤受到负载时，与增加其总体积的能力相关的土壤性质。

土壤调理剂，土壤结构改良剂（soil conditioner）：为了改善其物理状态而添加到土壤中的物质。

土壤保持（soil conservation）：将所有管理和土地利用方法结合起来保护土壤不受自然和/或人类引起的消耗或退化。

允许土壤流失量（T value）［soil loss tolerance（T value）］：①允许连作和保持土壤生产力而不需要额外的管理措施的最大年均土壤流失；②土壤侵蚀的最大流失被土壤发育的理论最大速率抵消，在土壤流失与收益之间维持平衡。

土壤管理（soil management）：所有耕作措施、种植方法、肥料、石灰和为了植物生产在土壤上进行其他处理或应用于土壤上的处理的总和。

土壤形态学（soil morphology）：土壤剖面通过剖面土层的种类、厚度和排列及每层的质地、结构、结持性和孔隙度所呈现的物理组成，特别是结构性质。

土壤有机质（soil organic matter）：包括处于不同分解阶段的植物、动物和微生物残余物，土壤微生物的生物量，以及植物根和其他土壤生物产生的物质，通常由通过2 mm筛的土壤样品的有机物质数量决定。

土壤质量（soil quality）：在自然或管理生态系统的边界内，特定种类的土壤发挥作用的能力，维持植物和动物生产力，维持或提高水和空气质量及支持人类健康和栖息地。有时在无扰动的自然状态下考虑和这种能力的关系。

土壤强度（soil strength）：与土壤固相的内聚力和黏附力相关的瞬时土壤性质。

土壤结构（soil structure）：原生土壤颗粒的组合或排列形成次生颗粒、单元或土壤自然结构体。这些次生单元可能是，但通常不是以这样的行为排列在剖面，目的是给出一个明显特征图案。次生单元依据大小、形状和特异性程度来描述和分类分别形成级别、类型和等级。

土壤结构类型（soil structure types）：根据团聚体或土壤自然结构体的形状及他们在剖面的排列进行的土壤结构分类，包括片状、棱柱状、柱状、块状、次棱角状块状、粒状和碎屑。

共生（symbiosis）：两个不相似的有机体紧密结合在一起生活，这种共生是互相受益的。

协同效应（synergism）：①有机体之间互利的非强制性联系；②两个或两个以上因素的同时作用，它们的总效应大于它们各自效应的总和。

通用土壤流失方程［universal soil loss equation（USLE）］：单位面积年平均土壤流失量的预测方程，A = RKLSPC，其中R为气候侵蚀力因子（降水量加径流），K为土壤可蚀性因子，L为斜坡长度，S为坡度，P为实际土壤侵蚀因子，C是作物和管理因子。

水稳性团聚体（water-stable aggregate）：在湿筛分析中对水滴或搅拌等水的作用稳定的土壤团聚体。

风化作用（weathering）：通过接触大气，在接近地球表面的岩石上发生的物理和化学改变。

# 附录 2　世界土壤日主题

| 年份 | 主题 |
|---|---|
| 2014年 | 土壤，家庭农业的基础<br>Soil，a foundation for family farming |
| 2015年 | 土壤是生命的坚实基础<br>Soils，a solid ground for life |
| 2016年 | 土壤和豆类，生命的共生关系<br>Soils and pulses：Symbiosis for life |
| 2017年 | 关爱地球，从土地开始<br>Caring for the planet starts from the ground |
| 2018年 | 土壤污染的解决方案<br>Be the solution to soil pollution |
| 2019年 | 防止土壤侵蚀，拯救人类未来<br>Stop soil erosion，save our future |
| 2020年 | 保持土壤生命力，保护土壤生物多样性<br>Keep soil alive，protect soil biodiversity |
| 2021年 | 防止土壤盐渍化，提高土壤生产力<br>Halt soil salinization，boost soil productivity |
| 2022年 | 土壤：食物之源<br>Soils：Where food begins |